基于遥感技术的灌区水资源管理和用水效率评价研究与应用

吴 迪 张旭东 白亮亮 赵 晶 徐 锐 著

黄河水利出版社
·郑州·

内容提要

本书是近年来遥感技术在我国北方典型灌区水资源管理研究与应用的最新成果。全书共分7章，内容涉及农田关键水分要素测定方法及遥感对地观测技术方法研究进展、作物有效降水量估算方法应用、种植结构遥感提取方法应用、蒸散发遥感反演方法应用、灌区灌溉面积监测方法与应用、灌区灌溉水有效利用系数估算方法研究、井灌区节水压采效果监测评价系统设计与实现等。本书纳入了多源遥感和数据融合技术、数值模型方法，为灌区基础信息监测、关键水分要素获取、用水效率评价等开辟了新的途径。

本书可供水文及水资源、农业水土工程、定量遥感、计算机科学与技术等相关专业的高等院校师生、科研院所研究人员在教学、科研中使用，亦可供行业技术单位和管理部门工作者参考使用。

图书在版编目(CIP)数据

基于遥感技术的灌区水资源管理和用水效率评价研究与应用/吴迪等著. —郑州：黄河水利出版社，2024.2

ISBN 978-7-5509-3849-6

Ⅰ. ①基…　Ⅱ. ①吴…　Ⅲ. ①遥感技术-应用-灌区-水资源管理-研究　Ⅳ. ①TV213.4

中国国家版本馆CIP数据核字(2024)第056747号

组稿编辑：王志宽　电话：0371-66024331　E-mail：278773941@qq.com

责任编辑　陈彦霞　　责任校对　鲁　宁
封面设计　张心怡　　责任监制　常红昕
出版发行　黄河水利出版社
地址：河南省郑州市顺河路49号　邮政编码：450003
网址：www.yrcp.com　E-mail：hhslcbs@126.com
发行部电话：0371-66020550
承印单位　河南新华印刷集团有限公司
开　　本　787 mm×1 092 mm　1/16
印　　张　9.25
字　　数　225千字　　插　页　3
版次印次　2024年2月第1版　　2024年2月第1次印刷
定　　价　88.00元

前　言

农田水利是保证粮食安全、促进农业现代化的重要基础。我国的气候特点和水资源本底条件决定了农业丰产丰收离不开灌溉。截至2022年底，我国已建成耕地灌溉面积10.55亿亩（1亩=1/15 hm^2，全书同），占全国耕地面积的55%，生产了全国77%以上的粮食和90%以上的经济作物，其中大中型灌区7 326处，耕地灌溉面积5.32亿亩，灌区对保障国家粮食安全和推进乡村振兴具有举足轻重的作用。"十四五"以来，国家加快推进大中型灌区续建配套与现代化改造，同步开展数字孪生灌区先行先试工作，提升灌区管理水平和服务能力，通过深化农业水价综合改革、灌区标准化管理，协同推进现代化灌区建设，为新时期灌区高质量发展提供有力支撑。

灌区农业用水精细化管理是现代化灌区建设的重要内容之一。本书选取了北方地区不同气候和灌溉特点的河北石津、内蒙古河套、新疆若羌河等典型灌区，以种植结构和灌溉面积遥感监测、灌溉用水效率评价等目标为靶向，采用地面观测、遥感监测、模型模拟等综合技术方法，从不同尺度开展了面向灌区水资源管理的相关研究与应用。本书紧密围绕促进水利新质生产力发展和灌区管理实际需求，注重理论研究与实际应用相结合，以及多学科的交叉融合，相关研究工作得到国家重点研发计划项目（2017YFC0405805-03）、水利部中央级预算项目（126222001000150008、126222001000190016）、新疆维吾尔自治区水利科技专项资金项目（XSKJ-2022-12、XSKJ-2023-26）等国家级和省部级项目的共同支持，取得的丰硕成果可为灌区灌溉管理科学决策、灌溉用水效率评价、数字孪生灌区建设等提供参考和技术支持。

本书共分7章。第1章归纳总结了土壤含水率、蒸散发等农田关键水分要素测定的主要方法及其特点；第2章以石津灌区典型地块和河北地下水超采区典型县为例，研究提出了不同尺度作物有效降水量估算方法，分析了有效降水时空分布规律及其影响因子；第3章以新疆阿拉沟灌区和内蒙古河套灌区为例，基于多源遥感信息和机器学习算法，实现了复杂下垫面高分辨率种植结构提取；第4章以西北大型引黄灌区和干旱绿洲灌区为例，基于多源数据融合算法和双源模型反演了不同气候区作物蒸散发，并分析其时空变化规律；第5章通过融合多源多尺度数据，研制了高时空分辨率地表温度、植被指数等地表参数数据集，提出了灌区灌溉面积遥感识别方法，并应用于典型地下水超采区和西北干旱灌区灌溉面积监测；第6章构建了基于遥感、水循环模型的灌区灌溉水有效利用系数估算方法，并以新疆若羌河灌区、内蒙古河套灌区、河北石津灌区为例开展分析研究；第7章集成前述遥感反演、农田水文模型等技术方法，开发了井灌区节水压采效果监测评价系统，实现了节水压采效果快速评估等功能。

本书撰写分工：第1章由张旭东、白亮亮、吴迪执笔；第2章由张旭东、吴迪、徐锐执笔；第3章由张旭东、白亮亮、吴迪执笔；第4章由白亮亮、张旭东执笔；第5章由白亮亮、吴迪、张旭东、徐锐执笔；第6章由吴迪、赵晶、白亮亮执笔；第7章由吴迪、徐锐执笔。同时,宋平、赵晗、赵尚智、葛秋成、杨鹏、隋喆、白梦熙、李华伟、白静、王贺等参与了资料收集、数据分析、图表绘制和文字校核等工作。全书由吴迪、张旭东、白亮亮统稿。

本书相关研究工作得到了韩振中、周黎勇、王二英、蔡甲冰、刘玉春、翟家齐等的大力支持,在此一并表示衷心感谢!书中涉及的遥感技术、水循环模拟模型、土壤水分运动模拟模型等研究应用仍处于探索和完善阶段,本书仅起到抛砖引玉的作用。

由于作者水平有限,书中难免存在疏漏之处,恳请读者批评指正。

作 者

2023 年 9 月

目 录

第1章 绪 论

农田关键水分要素(土壤含水率、蒸散发等)和用水参数(种植结构、灌溉面积等)准确监测是灌区耗水管理、效率评价等的重要基础工作。当前,航空航天、物联网、大数据等技术快速发展,推动了卫星、无人机、地面监测设备等传感器广泛应用,使得灌区不同尺度信息的获取途径更加多元化。本章归纳总结了农田关键水分要素地面观测、遥感监测和模型模拟等不同方法和技术特点,着重阐述了遥感技术在现代灌区管理中的应用前景,为灌区基础信息获取提供全新视角。

1.1 农田关键水分要素测定方法

1.1.1 土壤含水率测定方法

土壤含水率测定是农田水利研究与农业水管理的基础工作之一。目前,常用的土壤含水率测定方法主要包括传统测定方法和现代测量方法。传统测定方法主要通过物理方法将土壤中的水分从土壤样本中分离,进而确定其含水率;现代测量方法主要借助试验仪器,利用土壤水分的电化学特性进行土壤含水率的测定。由于测量过程受诸多因素影响,如土壤温度、土壤水分中含有的不同种类化学物质或有机质等,均会对测量结果产生一定影响,因此这两类方法对于土壤含水率测定的准确度和精确度均存在一定的不确定性。本章主要对不同土壤含水率测定方法进行归纳总结,并分析其优缺点和适用条件,为土壤含水率测定方法的选择提供参考。

1.1.1.1 称重法

称重法是将土壤原封不动地采集到实验室,进行湿质量测量,然后放入105~110 ℃的烘干箱中烘干,再进行称质量。其中,根据土壤质地不同要求,对土壤的烘干时限也不同,轻质土壤6~8 h,黏质土壤要求在8 h以上。

$$\theta_{m} = \frac{g_{w} - g_{s}}{g_{s}} \tag{1-1}$$

式中:θ_{m} 为质量土壤含水率;g_{w} 为土壤原质量;g_{s} 为土壤的干土质量。

土样的烘干方法很多,除在实验室用烘干箱外,也可在野外用酒精烧3次,或者用红外线烘干仪器等。称重法测量土壤含水率的优点是可以直接精确地测量出土壤准确的含水率,一般用于其他方法的验证;缺点是破坏了土壤的连续观测,且测定周期长,过程烦琐。

1.1.1.2 电阻率法

电阻率法是将两极电阻埋入土壤,根据电阻来确定土壤含水率(孙宇瑞, 2000),但电阻的大小受土壤质地影响较大,其中包括空隙分布、颗粒分布、温差等因素,导致测量结果误差很大(付伟 等, 2009),还不能普遍推广。

1.1.1.3 时域反射法

时域反射(time domain reflectometry,TDR)法是通过测量土壤介电常数来获得土壤含水率的一种方法(陈赟 等, 2011a; 冷艳秋 等, 2014)。TDR 法可以用来测量介质的介电常数,其传输电磁波被局限于传输电缆盒金属端头之间,波传至端头进入不同介质之间,不同介质造成传输速度或阻抗的改变得到不同的反射波形,并可推求介质的组成与变化情况(许伟, 2008; 陈赟 等, 2011b)。

对于大多数自然土体,其主要导电介质都是水。通过标定,可以建立土体含水率和土体介电常数之间的关系式。因此,TDR 法可以通过测量介电常数,然后换算得到土壤含水率,其测量精度取决于标定精度。TDR 法在测定精度要求较低时一般不需标定,但当误差要求较小时需进行标定或校正。

TDR 法测得的体积含水率是整个探针长度的平均含水率,也能测量土壤表层的含水率,但其电路比较复杂,设备较昂贵(张学礼 等, 2005)。

1.1.1.4 频域反射法

频域反射(frequency domain reflectometry,FDR)法测量土壤含水率的原理与 TDR 法类似。TDR 法与 FDR 法的探头统称为介电传感器 (dielectric sensor) 。FDR 法的传感器主要由一对电极 (平行排列的金属棒或圆形金属环)组成一个电容,其间的土壤充当电介质,电容与振荡器组成一个调谐电路,振荡器工作频率 f 随土壤电容的增加而降低,通过介电常数和含水率间关系计算出土壤含水率(张继舟 等, 2014)。由于 FDR 法受土壤质地(容重、颗粒、盐度等)影响较大,且该仪器不能放置到土壤深部,所以很难获得深层土壤的含水率。

1.1.1.5 红外线感测法

红外线感测法是通过对一个地区的红外辐射强度来判断含水率,因为不同的土壤具有不同的温度,不同的温度就会有不同的红外辐射强度;由于红外辐射强度受到外界影响因素较大(包括植被、太阳辐射强度以及大气湿度等),测量误差同样很大(刘斐, 2013)。

1.1.1.6 中子法

中子法属于间接测定土壤含水率的方法,中子仪是利用中子源放射出快中子与土壤水分中氢原子碰撞以后,变成慢中子得以被检测。其中,土壤含水率和慢中子的多少有直接关系,慢中子的多少可以直接反映土壤水分的多少,慢中子越多土壤水分越多。对于不同的土壤要求中子仪直径不同,较湿的土壤要求 15 cm 左右,较干燥的土壤要求 15~30 cm。中子法测定土壤含水率不但方便快速,省时、省力、不破坏观测场地,受温度等因素影响较小,而且可以定点连续观测,快速无滞后现象,非常适于对土壤水分变化做连续的动态监测(孙浩 等, 2009),特别是深度超过 1.5 m 的土层或在严寒带冻土层测量具有其他测量方法不可替代的优势(彭士明 等, 2001)。中子法的缺点是对浅层土壤含水率测定时误差相对较大,需要对误差进行分析(杨德志 等,2014)。

1.1.1.7 γ 射线法

γ 射线法是一种间接测量土壤含水率的方法。它利用放射性同位素发出射线穿透土壤时放射强度的衰减被固体和水分吸收的特性,根据放射强度衰减的改变,查找事先制定好的率定曲线来确定含水率。其特点是精确度高,但对人体辐射大,有害身体健康。

1.1.1.8 遥感测定法

遥感测定法的特点是动态实时监测,而且可以实现大面积主动与被动的监测(杨伟红 等,2016;余涛 等,1997),遥感测定法属于大范围的测定方法,这是由其本身性质决定的。由于传感器性能和技术参数的限制,空间分辨率比较低,而且受地表植被影响较大,其技术原理和方法都有待于进一步提高,但该方法仍具有广阔的应用空间和发展潜力,本书后面章节将详细介绍。

1.1.1.9 探地雷达法

探地雷达(ground penetrating radar,GPR)法是利用电磁波的性质(反射、透射、折射)进行测量。当电磁波穿越土壤、水分、介质、岩体、晶体、冰层等掩体时会影响到电磁波的传播路径强度和波形,因为电磁波受到介电常数的影响,不同的介质会释放出不同的介电常数;当电磁波再次返回来的时候,由于波形的变化差异不同导致波形的不同,显示器上会根据波形行走时间和波形大小幅度来区分不同的介质,从而起到监测的作用(邓春为 等,2004)。GPR 法是一种中度范围的测量方法(刘传孝 等, 2002),弥补了中度范围测量的缺失,它以其独特的优势让测量土壤含水率更加方便、快捷、精确(Huisman et al., 2001)。

由于电磁波受到介质的介电常数影响较大,但是土壤的介电常数反受到土壤质地影响;目前的 GPR 法主要用于小深度的土壤含水率测定,对于大深度(20 m 以上)的土壤含水率测量准确性尚需进一步研究;由于潜水以上的包气带含水率分布无规律,且埋入较深,用物理方法和定性定量的方法不易研究(胡振琪 等,2005),但 GPR 法的优势是不可掩盖的,其技术特点决定了有解决上述问题的可能性(郭高轩 等, 2005)。

1.1.2 农田蒸散发测定方法

由于蒸散发受农田小气候、作物类型及其生育阶段、土壤性质及供水能力、地下水埋深以及灌溉方式等综合因素影响,因此蒸散发量的测定比较困难。作物蒸散发量的直接测定方法有风调室法、涡度相关法、水量平衡法、蒸渗仪法。具体分述如下。

1.1.2.1 风调室法

风调室法是指将研究范围内的小部分土地置于一个透明的风调室内,通过测定进出风调室气体的水汽含量差以及室内的水汽增量来获得蒸散发量。在国外,该法已被应用于森林。但由于该法不能在大面积上应用,而且它不能很好地模拟出自然小气候,使得通过该法所得到的结果只代表蒸散发量的绝对值,不能代表实际蒸散发情况,所以极大地限制了该方法的应用(司建华 等, 2005)。

1.1.2.2 涡度相关法

采用涡度相关法测量蒸散发量始于 20 世纪上叶,1930 年 Scrace 记录了垂直方向风速分量和水平分量成正比的信号,并用于计算水平动量的垂直涡度通量的涡度能量。随着技术的发展,1955 年 Swinbank 着重研究了测量显热和潜热通量的涡度相关技术。1965 年 Dayer 和 Mather 研制出用来测量气压较低地区涡度的涡度能量仪,使得该技术的推广和应用很快,目前已成为其他测定蒸散发量的强大竞争对手。1968 年 Blank 等的研究结果表明,在密植植物覆盖区,用涡度相关法测得的日蒸散发量和用液压测渗仪测得的结果相比差异在5%以下,精度很高;但在无风和植被覆盖稀疏的情况下,误差一般比较大,结果不太理想。涡度相关技术基于不连续涡流中水汽浓度涡流上下运动的测量,其优点是物理学基础坚实,能通过测量各种属性的湍流脉动值来直接测量它们的通量,和其他方法相比,它并不是建立在经验关系基础之上,或从其他气象参量推论而来,而是建立在物理原理之上,因而是一种直接测量乱流通量的方法,不受平流条件限制,是各种方法中较精密且可靠的方法(Ventura et al., 2001)。涡度相关法仪器制造复杂、成本昂贵、维护困难、技术复杂,还会因超声脉动仪探头及其支架对气流的扰动引起严重的观测误差,大大限制了其应用。因此,涡度相关法还不能作为蒸散发量的常规计算方法(王健 等,2002)。

1.1.2.3 水量平衡法

采用水量平衡法研究农田蒸散发的历史可谓相当悠久,一般是以时段为单位测定前后土壤储水量的差值,再对降雨、径流、截流、深层渗漏或地下水向上层的补给做一些简化,然后依此来近似估算农田的总蒸散发量。20世纪50年代以后,测定土壤水分和蒸散发的各种仪器相继问世,并且发展非常迅速,为土壤水分的测定提供了许多投资少、而且又省时省力的可选方法,使逐日测定土壤湿度成为可能,估算短期农田蒸散发总量的精度大大提高。对于水量平衡中有效降雨和地下水补给等较难确定的项,多数研究也不再是进行简单的近似,而是在田间试验小区附近修建了径流场、径流池和降雨入渗量与地下水利用量等测定装置,从而使测定数据具有较好的代表性。根据作物根区内水的质量守恒法,估算作物耗水量的方程如下:

$$\mathrm{SW_e} = \mathrm{SW_b} + P + F_g + \mathrm{GW} - \mathrm{RO} - D_p - \mathrm{ET} \tag{1-2}$$

式中:$\mathrm{SW_e}$ 为时段结束时根区中的土壤储水量;$\mathrm{SW_b}$ 为时段开始时根区中的土壤储水量;P 为时段内的总降水量;F_g 为时段内净灌水总量;GW 为时段内地下水对作物耗水的补给量;RO 为时段内测定区域的地面径流量;D_p 为时段内根区的深层渗漏量;ET 为时段内作物蒸散发量。

1.1.2.4 蒸渗仪法

蒸渗仪是指装有土壤和植被的容器,通过将蒸渗仪埋设在自然的土壤中,并对其土壤水分进行调控,可以有效地模拟实际的蒸散发过程,再通过对蒸渗仪的称量,就可以得到蒸散发量(Girona et al., 2002)。它是根据水量平衡原理设计的一种用来测量农田水文循环各主要成分的专门仪器。1937年美国俄亥俄州的肖克顿安装了著名整体水文循环测渗仪,该仪器带有自动记录设备,之后蒸渗仪的发展非常快,实现了农田蒸散发量的精确测量。蒸渗仪主要有三种类型(孙景生 等, 1994; 李彦 等, 2004):第一种是非称重式蒸渗仪,它通过各种土壤水分测量技术测定土壤水分变化,用可控制的排水系统来定期测定排水量;第二种是水力式蒸渗仪,它是以静水浮力称重原理为基础,将装有土柱的容器安装在漂浮于水池中的浮船上,组成漂浮系统(裴步祥, 1985);第三种是称重式蒸渗仪,其下部安装有称重装置测定失水量。先进的蒸渗仪具有很高的精度,可以测定微小的重量变化,得到短时段内的蒸散发量。

蒸渗仪的特点是可使蒸渗仪内的土壤特性与蒸渗仪外大田保持一致,它的面积和深度大,可保证作物根系自由生长,使仪器内植株的数量和植物冠丛的结构、生理生态特征与仪器外大田作物十分近似。蒸渗仪有优良的称重系统,很高的分辨率和精度,可以自动记录各时段的重量变化,求出短时段内的蒸散发量。但其成本高,装土困难,需定期仔细维护。尽管如此,它的观测结果也可为率定和校验其他方法提供科学的依据。

1.2 遥感对地观测技术方法研究进展

近年来,随着国内外遥感卫星数据源的增加、基础地理信息数据的共享、遥感反演技术方法和反演精度的不断提升,基于遥感和常规地面观测的土壤水分反演、蒸散发反演、种植结构提取和灌溉面积监测等技术方法可提供大范围、不同时空尺度的基础信息,在流域、区域和灌区农业水资源管理中具有广阔的应用空间。

1.2.1 土壤水分遥感反演

由于定点土壤水分测量方法限于田块尺度,不能有效获取大面积土壤墒情的分布情况,同时地表下垫面的复杂性和空间差异性使得定点监测结果在区域的代表性较差。而遥感技术可以快速大面积地对研究地区进行监测,其时空连续的优点已成为常规监测方法的有益补充,并在农业、水资源管理等方面广泛应用。随着遥感技术的发展,基于遥感手段监测土壤水分的原理和方法较多,如植被指数模型、作物缺水指数模型、地表温度模型、热惯量模型、高光谱方法和微波遥感等。

20世纪60年代,Bowersd等研究表明土壤湿度与土壤反射率呈反相关关系,该研究为遥感反演土壤水分奠定了理论基础。20世纪70年代后,Watson等(1974)、Rosema(1986)提出并成功应用热惯量模型来计算土壤水分,Carlson等(1994)结合热惯量方法,采用NOAA/AVHRR遥感影像对作物旱情进行了大面积监测。20世纪80年代以来,遥感数据源以及监测方法都趋于多元化,监测手段主要包括地面遥感、航空遥感和卫星遥感,监测波段主要包括可见光、近/热红外,以及L、C和X微波波段。土壤水分遥感估算方法也趋于多元化,如通过植被干旱条件、作物表层温度、作物缺水指数、植被供水指数、植被温度指数和主被动微波等,通过构建土壤水分与植被之间的经验关系来得到土壤水分。Sandholt等(2002)和Goward等(2002)采用温度植被指数来估算陆地表面土壤湿度。90年代后,定量遥感反演得到快速发展,同时GIS和RS的集成与应用技术也日益成熟,这不仅提高了土壤水分大面积监测的可行性,而且提高了旱情监测精度。

国内对遥感监测土壤水分的研究和应用较晚。20世纪80年代中期,研究内容主要是通过遥感数据测定地表参数,如基于能量平衡的干旱指数、表观热惯量模式,微波反射特性与土壤水分关系等。如黄杨等(1986)通过建立土壤湿度与微波反射特性关系来反演土壤墒情;张仁华(1986)通过红外波段建立作物缺水指标新模式。20世纪90年代以来,研究学者在土壤水分遥感监测方法和应用上取得了丰硕成果。余涛等(1997)建立表观热惯量与土壤含水率关系来获取土壤含水率的空间分布,实现干旱监测。刘培君等(1997)以土壤水分光谱法为基础,通过AVHRR数据实现土壤水分的遥感估算。刘安麟等(2004)通过改进的作物缺水指数法来获取土壤墒情,该方法减少了模型输入因子,改进方法更符合实际应用。齐淑华等(2003)通过构建地表温度LST和归一化植被指数NDVI特征空间,采用温度植被指数对中国旱情进行了监测。随着"3S"技术的发展,基于GIS和遥感相结合的土壤水分监测取得了显著成果,GIS强大的空间分析能力为遥感监测土壤水分信息向实践应用转化提供了可行性,同时GIS提供的丰富地理数据有效改善和提高了干旱监测的精度。邓孺孺等(1997)去除植被影响,估算了表层土壤含水率,再通过表层土壤水分推算到不同深度的土壤含水率。申广荣等(2000)在实现遥感图像和GIS图形一体化监测土壤水分方面进行了相关研究,通过作物缺水指数模型实现了土壤水分的遥感监测。

土壤水分遥感反演的空间尺度往往都在千米级,难以满足复杂下垫面条件下对精细土壤水分获取的要求。如Merlin等(2010)根据植被覆盖度、土壤蒸散发和数据降尺度之间的关系,将被动微波土壤湿度降尺度,获取了4 km空间分辨率的墒情数据。Kim等(2012)将1 km MODIS地表特征参数应用于25 km AMSR-E土壤湿度数据中,通过空间降尺度获取了1 km的土壤水分数据。尤加俊等(2015)利用1 km MODIS数据,通过降尺度回归算法将25 km CCI土壤湿度产品降到1 km。而在地物更加破碎、种植结构复杂的地区,更需要田块尺度土壤墒情,因此如何通过多源遥感数据获取更为精细的土壤墒情数据尚需进一步研究。

1.2.2 蒸散发遥感反演

随着遥感技术的进步和广泛应用,多种地表蒸散发量模型得到快速发展,Brown等(1973)基于地表被一整张作物叶片覆盖,地表蒸散发仅源于植被冠层的假设,提出了单层遥感估算模型,但该模型忽略棵间土壤蒸发对整体蒸散发的贡献;Shuttleworth等(1985)提出了双层估算模型(S-W模型),该模型既将土壤蒸发和作物蒸腾考虑在内,又考虑了土壤和植被的水热通量交换。为了提高S-W模型在大尺度上的应用及推广,Shuttleworth等(1990)给出了模型内众多参数的具体公式,提高了模型的可用性,并由此开始推广和不断优化。Norman等(1995)对S-W模型内的阻抗参数进行简化,提出平衡双层(TSEB)模型,但该模型仍是建立在植被和土壤之间存在水热通量交换的基础之上,需要输入土壤和植被的组分温度,而直接获得的数据大部分为地表混合温度,由于这一矛盾,即使用数学模型将其分解,也无法避免在植被覆盖不充分的地区出现较大的误差;Kustas等(1999)提出土壤和植被热通量预测模型并将其引入到TSEB模型当中从而提升模型估算精度;关于TSEB模型的改进工作,Anderson等(1997)和Cammalleri等(2012)分别提出了ALEXI模型和TSEB-IC模型,从而减少对空气温度数据的使用,然而根据两个模型的作用机制,前者由于缺少高纬度卫星气象数据的支持,无法精确地估算全球尺度的参数,后者无法估算非植被生育期的数据,且用单像元代表整个研究区的空气温度的合理性需要进一步探讨。针对TSEB模型对温度数据依赖的优化,目前在流域和全球尺度的蒸散发估算大多采用TSEB模型和遥感数据相结合。Norman等(2003)提出了双温差(DTD)模型,通过输入两个时相的地表温度从而降低地表观测和反演等误差对模型精度的影响,提高了模型区域尺度估算的精度。

国内对于模型的应用和改进也比较多。陈镜明等(1988)在单层模型的基础上,基于小气候学原理提出了改进后的蒸散发模型。郭玉川(2008)利用多源遥感数据(MODIS、ETM)结合SEBAL模型进行优化,计算出新疆焉耆盆地不同地表类型的蒸散发量。潘竟虎等(2010)应用TSEB模型对甘肃黄土丘陵沟壑区的蒸散发量进行估算。吴炳方等(2008)基于多源遥感模型并结合P-M公式开发了ETWatch蒸散发模型,通过与实测地面通量数据进行比较发现模型精度较高,但容易受数据缺失或晴好天气影响。吴喜芳等(2014)将作物系数法和遥感数据相结合建立了能反映作物水分胁迫的蒸散发模型,并估算了2000—2013年华北平原冬小麦和夏玉米蒸散发量。

目前,基于上述模型的发展和应用,相继出现了各种蒸散发量遥感数据产品,如表1-1所示。

表1-1　主流蒸散发遥感产品(李佳 等,2021)

产品名称	发布机构	理论基础	时间分辨率	空间分辨率
ETWatch	RADI	SEBAL/SEBS、P-M	1 m、3 m、1 年	250 m、1 km
ETMonitor	RADI	S-W	1 d、8 d 平均、1 m、1 年累计	30 m、250 m、1 km
SSEBop	USGS	SSEB	8 d、1 m、3 m、1 年	1 km
ET-ALEXI	JPL	ALEXI	1 d	30 m
ET_PT-JPL	JPL	P-T	ISS 过境时间	70 m
MODIS-MOD16	NASA	P-M	8 d、1 m、1 年	500 m、1 km
LSA-SAF	EUMETSAT	SVAT	1 h、1 d	3 km

注:表中机构名称为简写,详称:中国科学院遥感与数字地球研究所(Institute of Remote Sensing and Digital Earth, Chinese Academy of Sciences, RADI);美国地质调查局(United States Geological Survey, USGS);美国喷气实验室(Jet Propulsion Laboratory, JPL);美国航空航天局(National Aeronautics and Space Administration, NASA);欧洲气象卫星组织(European Organization for the Exploitation of Meteorological Satellites, EUMETSAT)。

ETMonitor模型的蒸散发产品以多源遥感数据反演的地表参数作为驱动,基于S-W双层模型和降水节流模型(Remote Sensing-Gash, RS-Gash)结合多地表参数分别估算冠层降水截留蒸发、土壤蒸发、植被蒸腾、地表水面蒸发和冰雪升华等,并累加获得总地表蒸散发; SSEBop蒸散发产品(Senay et al., 2013)基于简化版的能量平衡模型得到的,独特之处在于,预先定义了冷热温差,并根据P-M公式计算参考作物蒸散发量来估算实际ET、简化了复杂的计算过程,从而提高了计算效率(Senay, 2018); ET-ALEXI(Fisher et al., 2020)蒸散发产品是以ALEXI/DisALEXI双源能量平衡模型为基础,该产品先由ALEXI模型根据两时刻的温度差与Slab模型耦合,之后结合P-T公式获取低分辨率蒸散发数据,再由DisALEXI模型降尺度,从而获得高分辨率地表蒸散发;ET_PT-JPL的蒸散发产品是ECOSTRESS的观测任务之一(Hulley et al., 2017),它需要借助国际空间站ISS上搭载的热红外传感器数据及MOIDS等一系列数据作为辅助,考虑到运算速度,适用性等诸多因素,采用P-M模型的简化版P-T模型来估算蒸散发; MODIS/MOD16(Mu et al., 2007)以P-M模型为基础,并简化了对植被覆盖度的计算,在估算实际蒸散发时考虑了冠层截流(湿润冠层水分蒸发,干燥冠层的蒸腾)以及土壤蒸发; LSA-SAF蒸发整体产品是以SVAT模型为基础,结合莫宁-奥布霍夫相似理论借助MSG-SEVIRI静止卫星得到瞬时蒸散发结果,并根据积分推求日蒸散发结果。

1.2.3 种植结构遥感提取

1.2.3.1 基于遥感数据源的种植结构提取

雷达遥感、光学遥感和多光谱遥感数据源均可以用于提取种植结构。Toan 等(1989)研究合成孔径雷达(synthetic aperture radar,SAR)影像 X 波段中各地物的后向散射特征,发现水稻与其他农作物的时序后向散射系数 σ_0 差异较大,提出利用 SAR 影像提取水稻种植面积。2002 年欧空局发射 ENVISAT 对地观测卫星后,SAR 影像发展进入到多波段、多极化阶段,如 Gao 等(2021)通过构建支持向量机模型,使用多极化时间序列 SAR 影像进行多种农作物种植结构提取,结果表明双极化数据能产生可分离性,有利于农作物种植结构提取。尽管基于 SAR 数据的农作物识别精度有了一定的改善,但总体精度仍不高,尤其是旱地作物,识别精度平均不足 85%。目前 SAR 数据尚不能满足我国农作物面积监测业务的精度要求(孙政,2020)。

中分辨率成像光谱仪 MODIS 是光学遥感数据提取种植结构的代表之一,Potgieter 等(2010)基于 MODIS 多时相遥感影像和增强植被指数 EVI,在开花前 1~2 个月提取了澳大利亚昆士兰州两个郡的小麦、大麦和鹰嘴豆种植结构。贾博中等(2021)基于 MODIS 影像不同农作物增强型植被指数(EVI)时间序列曲线的差异提取了内蒙古沿黄平原区小麦、玉米和葵花等 6 种主要农作物种植结构,说明 MODIS-EVI 时间序列可以较为准确地完成较大范围地区的种植结构提取。

空间分辨率在 10 m 以内的如 GF、Worldview、ALOS、Sentinel 等多光谱遥感影像具有分辨率高、波段多等优点,更适用于农作物种植结构精细提取。然而高分辨率多光谱遥感影像通常价格高昂,用来进行灌区尺度农作物种植结构提取研究成本较高。近年来,欧空局提供的 Sentinel-2A/B 遥感影像在农作物种植提取方面应用较多。Nasrallah 等(2018)基于 Sentinel-2 遥感影像 NDVI 数据集提取了黎巴嫩贝卡平原 2016—2017 年的冬小麦种植结构,精度分别为 87%和 82.6%。刘昊(2021)基于 2019 年覆盖生育期 10 景 Sentinel-2 遥感影像构建 NDVI 的时间序列曲线,使用决策树模型提取河套灌区杭锦后旗的农作物种植结构。

1.2.3.2 基于植被指数及其特征的作物种植结构提取

多光谱遥感影像常用的特征提取方法是植被指数,即从影像的全部波段中选择部分波段,进行波段组合以降低影像数据维数提取关键特征(孙世泽,2018)。植被指数(vegetation index, VI)利用遥感影像两个以上波段信息组合而成,能够客观地反映农作物不同生育期的发育状态,是描述农作物生长状态的常用指标。Summers 等(1961)于 20 世纪 70 年代提出了归一化差异植被指数(normalized difference vegetation index,NDVI)。NDVI 的信息冗余量较少且具有较强的稳定性和适用性(张晶,2019)。王利军等(2018)基于分析样本点和地面样方数据构建 NDVI 阈值分割决策树和支持向量机(support vector machine,SVM)分类方法实现了河南省濮阳县秋季主要农作物种植结构提取,结果表明 NDVI 的引入可以提高单时相遥感影像对种植结构复杂地区作物分类识别能力。但是,NDVI 在植被覆盖度高的区域易饱和,在植被覆盖度低的区域对土壤背景敏感性高,易导致估算结果出现误差。增强型植被指数(enhanced vegetation index,EVI)通过减弱大气效应并对植被冠层背景信号的去耦合改进了 NDVI 的缺点,能更好地体现出作物的季节性变化特征(张超 等,2022)。田苗等(2022)重构了 2019 年和 2020 年 EVI 时间序列,并结合 2019 年水稻种植面积的统计数据,提取了 2020 年江苏省水稻种植面积。

此外,在种植结构提取中常用的其他指数还有陆表水分指数(land surface water index,LSWI)、绿度归一化植被指数(green normalized difference index,GNDVI)、红边拐点指数(red-edge inflection point index,REIP)、Sentinel-2 红边位置指数(sentinel-2 red-edge position index,S2REP)等,它们在种植结构提取中均有应用。

1.2.3.3　基于分类方法的种植结构提取

随着遥感技术的不断发展,种植结构提取方法也在不断地推陈出新,从最传统的专家目视解译分类方法,到非监督分类的机器学习方法,再到监督分类的机器学习方法,种植结构提取的总体精度也在不断提高。

专家目视解译分类方法是遥感影像分类最直接、最原始的方法。农业遥感研究专家根据专业知识和经验,通过对目标物的尺寸、轮廓、颜色、纹理以及位置等特征对遥感地物信息进行判断。但由于是通过人工判读,结果受遥感影像分辨率影响较大,且无法通过不同地块之间颜色和轮廓等地物信息区分不同农作物类型,因而现在多作为其他遥感分类方法的辅助方法。

非监督分类是在没有先验知识参与情况下,采用聚类分析方法按照不同像元特征的相似性将研究区遥感影像分为指定数量的区域,再根据实地采样调查数据确定每个区域所对应的作物种类(王冬利 等,2019)。K-means 聚类算法是一种典型的非监督算法,以其收敛速度快,可解释性强,原理通俗易懂等优点被广泛使用。Selim 等(1984)发现若目标函数存在局部极小值点,K-means 聚类算法易得到局部最优解。但由于初始值和异常点的影响,聚类结果可能不是全局最优解,因此多用在特征差异较明显的地物间分类,而不适用于对不同农作物间种植结构提取。

监督分类则需要选取具有代表性的遥感影像作物训练样本,通过提取不同作物训练样本关键特征差异,建立相应判别函数作为先验知识,根据样本类别特征差异逐像元对研究区遥感影像进行作物种植结构提取。Zheng 等(2015) 使用 SVM 分类模型提取了美国亚利桑那州凤凰试验管理区小麦、大麦和玉米等 9 种农作物种植结构,总体精度达到 90%。帅爽等(2021)使用随机森林分类模型成功提取了青海省都兰县宗加镇枸杞林、杨树林和草地等植被种植结构,总体精度达到 82.86%。牛乾坤等(2022)使用随机森林、分类回归树、朴素贝叶斯和支持向量机 4 种分类器,结果表明使用全部特征波段时,随机森林分类器的分类效果优于另外 3 种分类器。

深度学习(deep learning,DL)是机器学习领域中源于人工神经网络一个新的研究方向,其多个隐藏层使其能够组合低层特征形成更加抽象的高层特征来实现农作物种植结构提取。Heremans 等(2011)结合 SPOT 卫星遥感影像和 MODIS 卫星遥感影像采用人工神经网络的分类方法成功提取了比利时地区农作物种植结构,精度高于 80%。解毅等(2019) 融合了 MODIS NDVI 和 Landsat NDVI 生成了空间分辨率为 30 m、时间分辨率为 8 d 的时序 NDVI,利用长短时记忆网络(long short-term memory,LSTM)算法和神经网络

(neural network,NN)算法提取临汾盆地种植结构,结果表明基于 LSTM 算法的种植结构提取精度优于 NN 算法。研究表明,深度学习分类方法需要大量训练样本,当灌区尺度样本数量不多时,随机森林方法的分类效果更佳。

1.2.4 灌溉面积研究进展

目前,灌溉面积获取主要通过自下而上调查统计数据汇总得到,这种方法需要大量人力和时间投入,难以快速掌握灌溉区域空间特性和动态变化。因此,开展大范围灌溉面积调查面临着精度、效率以及成本等问题。除统计方法外,目前还有按照数理分析进行预测的方法,例如神经向量法、支持向量机法、灰色预测模型等。这些方法共同问题是纯数理统计的预测方法,缺少科学理论基础,并且随着预测步骤增加,预测结果与实际数据误差会越大,不能满足实际应用需要,无法进行分阶段、空间上的有效表达。当前卫星遥感数据源越来越多,时间、空间和光谱的分辨率均已得到较大提高,为高效可靠的灌溉面积调查奠定坚实的数据基础。应用遥感技术能够获取不同空间分辨率的时间序列卫星遥感影像,通过研究分析卫星遥感影像数据可以快速、有效获取实际灌溉面积动态分布,并可实现在 GIS 环境中分析不同区域灌溉面积的时空变化。因此,卫星遥感技术无疑是一种相对经济、准确、快速、大范围、可重复调查灌溉面积及其分布的有效手段。

2006 年,国际水管理研究所(International Water Management Institute,IWMI)通过使用公开的时间序列卫星遥感影像、地面实况、Google Earth 数据以及其他辅助数据,根据降水量与高程信息对全球范围区域进行分类,并使用非监督分类对区域进行聚类,而后使用光谱匹配技术对全球范围内的土地利用类型、灌溉面积分布进行了识别,发布了世界第一份由遥感测得 1999 年 10 km 分辨率的全球灌溉面积分布图(GIAM),为应用卫星遥感技术研究开发不同尺度和不同精度的灌溉面积分布图提供了科学方法和宝贵经验。Velpuri 等(2009)利用 4 种不同分辨率的遥感影像,通过非监督分类的方法绘制了印度克里希纳河流域地表水灌溉区、地下水灌溉区和未灌溉区的灌溉面积分布图。2011 年,Murali Krishna Gumma 等基于 MODIS 250 m 时间序列影像,采用植被物候方法和非监督分类方法绘制了印度克里希纳河流域灌溉面积图,同时区分了地表水灌溉和地下水灌溉区。2012 年,IWMI 针对非洲和亚洲,绘制了 250 m 空间分辨率灌溉与雨养区分布图。Ambika 等(2016)使用 250 m 空间分辨率的 MOD13Q1 数据,联合匹配计算和决策树分类,通过 NDVI 阈值划分获得了 2000—2015 年印度的灌溉区域分布图,灌溉识别精度得到了提升。Mohammad Abuzar 等(2015)采用 Landsat 7 和 ASTER 遥感影像,通过计算地表温度和归一化植被指数,并利用生成植被覆盖和温度矩阵监测澳大利亚维多利亚州中央古尔本灌区灌溉面积。

国内在灌溉面积监测方面也进行了大量研究。1997 年,水利部遥感技术应用中心在河南省灌区开展试点工作,采用美国陆地卫星 TM 影像资料,辅以农田灌溉、土地利用等资料,实现了运用遥感技术提取有效灌溉面积。2009 年 9 月,我国启动宁夏引黄灌溉面积及作物种植结构遥感调查,利用"3S"技术并结合地面数据对宁夏引黄灌区农作物种植结构、灌溉面积、土地利用格局等进行了调查。早期遥感在灌溉面积中的应用主要利用植被指数对研究区进行监督分类或非监督分类处理,获取种植结构、有效灌溉面积分布,并未涉及实际灌溉面积的遥感识别研究。易珍言等(2014)基于HJ1A/1B CCD数据,采用垂直干旱指数(PDI)和修正后的垂直干旱指数(MPDI)提取了内蒙古河套灌区的实际灌溉面积。王啸天等(2016)构建了基于垂直干旱指数(PDI)的灌区实际灌溉面积监测模型,计算出秦汉灌区4—8月各阶段的灌溉面积与分布。高瑞睿(2019)基于气象数据和MODIS 1 km产品数据,计算了河套灌区义长灌区的蒸散发量,用修正的垂直干旱指数模型(MPDI)获取了研究时段始末的土壤含水率,又引入了农作物像元丰度,将1 km尺度灌溉面积转换到田间尺度,并提出了1 km尺度的灌溉面积计算公式,获取了义长灌区的灌溉面积。焦旭(2016)利用Landsat 8影像数据,基于遥感地表温度(LST)及植被供水指数(VSWI)方法对石津灌区农作物灌溉面积进行了提取。宋文龙等(2019)基于GF-1较高空间分辨率卫星遥感数据,通过光谱匹配像元尺度应用,并引入OTSU自适应阈值算法,对东雷二期抽黄灌区2018年主要粮食作物种植强度及其灌溉面积开展遥感识别提取。白亮亮等(2021)通过融合多源遥感数据,构建了高分辨地表特征参数数据集,联合地表温度和植被参数获取表层土壤水分,并通过表层土壤水分变化确定了河北省典型地下水超采区的实际灌溉面积。

受复杂下垫面条件、单一传感器性能等方面影响,精细化的灌溉面积监测和提取应结合多源遥感数据,通过数据融合等方法充分发挥多源传感器、时空分辨率优势。同时,不同监测方法机制和数据误差传递对灌溉面积监测影响较大。从近年研究成果看,主要有基于高分辨率种植结构、地表温度、干旱指数、地表土壤含水率等多种监测方法,但不同方法各有其优缺点。如基于指数差异阈值的灌溉面积监测方法虽取得了一定进展,但阈值确定与灌溉面积提取精度密切相关,无法排除降水的影响。此外,不同的干旱指数构成机制不同,其适用性和监测效果有差异,存在季节或区域适用性的问题。有研究表明修正的MPDI在作物生长期的监测效果最为明显,而SPSI对稀疏植被或裸露地表的监测比较显著。就干旱指数本身而言,如在TVDI模型构建时会涉及地表温度、植被信息等一些参数,在遥感参数繁杂的推算期间或许会对一定的经验和半经验公式加以运用,关键参数反演结果在地表复杂度较高的区域内会出现较大偏差,从而使TVDI监测旱情的精准度无法得到有效保证。与此同时,从遥感数据预处理方法上看,不同的大气校正方法(模型),消除大气反射影响的效果不同,对灌溉面积监测精度也会产生影响。因此,在选取不同方法时应综合考虑其地区适应性、季节适用性、下垫面条件、多源数据属性等因素,避免不同方法带来的误差影响和不确定性。

参考文献

白亮亮, 王白陆, 吴迪,2021. 基于多源数据融合的灌溉面积监测方法研究[A]. 中国水利学会. 中国水利学会2021学术年会论文集第一分册,郑州:黄河水利出版社.

陈镜明, 唐登垠,1988. 遥感方法和蒸散计方法估算农田蒸散量的比较[J]. 科学通报(20):1577-1579.

陈赟, 陈云敏,周群建,2011a. 基于TDR技术的多种岩土介质含水量试验研究[J]. 西南交通大学学报,46(1):42-48.

陈赟,陈云敏,周群建,等,2011b. 饱和粉土含水量及孔隙比TDR原位测试研究[J]. 工程勘察,39(1):29-33,45.

邓春为, 李大洪,2004. 地质雷达资料解释方法综述[J]. 矿业安全与环保(6):23-24,33.

邓孺孺，陈晓翔，何执兼，1997. GIS 支持下的深层土壤含水量遥感调查方法[J]. 中山大学学报(自然科学版)(3)：103-106.

付伟，汪稔，胡明鉴，等，2009. 不同温度下冻土单轴抗压强度与电阻率关系研究[J]. 岩土力学，30(1)：73-78.

高瑞睿，2019. 基于遥感土壤含水量和蒸散发信息的灌溉面积识别技术研究与应用[D]. 兰州：兰州交通大学.

郭高轩，吴吉春，2005. 应用 GPR 获取多孔介质水力参数研究进展[J]. 河海大学学报(自然科学版)，1：18-23.

郭玉川，2008. 基于遥感的区域蒸散发在干旱区水资源利用中的应用[D]. 乌鲁木齐：新疆农业大学.

胡振琪，陈宝政，王树东，等，2005. 应用探地雷达测定复垦土壤的水分含量[J]. 河北建筑科技学院学报(1)：1-3.

黄杨，耿淮滨，王松，等，1986. 潮湿裸露土壤的微波散射特性[J]. 遥感信息(1)：24-27.

贾博中，白燕英，魏占民，等，2021. 基于 MODIS-EVI 的内蒙古沿黄平原区作物种植结构分析[J]. 灌溉排水学报，40(4)：114-120.

焦旭，2016. 石津灌区种植结构与灌溉面积信息提取[D]. 河北：河北工程大学.

解毅，张永清，荀兰，等，2019. 基于多源遥感数据融合和 LSTM 算法的作物分类研究[J]. 农业工程学报，35(15)：129-137.

冷艳秋，林鸿州，刘聪，等，2014. TDR 水分计标定试验分析[J]. 工程勘察，42(2)：1-4，16.

李佳，辛晓洲，彭志晴，等，2021. 地表蒸散发遥感产品比较与分析[J]. 遥感技术与应用，36(1)：103-120.

李彦，王勤学，马健，等，2004. 盐生荒漠地表水、热与 CO_2 输送的实验研究[J]. 地理学报(1)：33-39.

刘安麟，李星敏，何延波，等，2004. 作物缺水指数法的简化及在干旱遥感监测中的应用[J]. 应用生态学报(2)：210-214.

刘传孝，蒋金泉，杨永杰，等，2002. 国内外探地雷达技术的比较与分析[J]. 煤炭学报(2)：123-127.

刘斐，2013. 土壤含水率红外测量方法的研究[D]. 杨凌：西北农林科技大学.

刘昊. 基于 Sentinel-2 影像的河套灌区作物种植结构提取[J]. 干旱区资源与环境，2021，35(2)：88-95.

刘培君，张琳，艾里希尔·库尔班，等，1997. 卫星遥感估测土壤水分的一种方法[J]. 遥感学报(1)(2)：135-138.

牛乾坤，刘浏，黄冠华，等，2022. 基于 GEE 和机器学习的河套灌区复杂种植结构识别[J]. 农业工程学报，38(6)：165-174.

潘竟虎，刘春雨，2010. 基于 TSEB 平行模型的黄土丘陵沟壑区蒸散发遥感估算[J]. 遥感技术与应用，25(2)：183-188.

裴步祥，1985. 蒸发和蒸散的测定与计算方法的现状及发展[J]. 气象科技(2)：69-74.

彭士明，林家斌，2001. 中子土壤水分仪田间测量与烘干法精度分析比较[J]. 地下水(2)：67-68.

齐淑华，王长耀，牛铮，2003. 利用温度植被旱情指数(TVDI)进行全国旱情监测研究[J]. 遥感学报(5)：420-427，436.

申广荣，田国良，2000. 基于 GIS 的黄淮海平原旱灾遥感监测研究：作物缺水指数模型的实现[J]. 生态学报，20(2)：224-228.

帅爽，张志，张天，等，2021. 结合 ZY-102D 光谱与纹理特征的干旱区植被类型遥感分类[J]. 农业工程学报，37(21)：199-207.

司建华，冯起，张小由，等，2005. 植物蒸散耗水量测定方法研究进展[J]. 水科学进展(3)：450-459.

宋文龙，李萌，路京选，等，2019. 基于 GF-1 卫星数据监测灌区灌溉面积方法研究：以东雷二期抽黄灌区为例[J]. 水利学报,50(7):854-863.

孙浩,李明思,丁浩,等,2009. 用中子仪测定土壤含水率时的标定问题研究[J]. 节水灌溉(4):18-21,25.

孙景生,熊运章,康绍忠,1994. 农田蒸发蒸腾的研究方法与进展[J]. 灌溉排水(4):36-38.

孙世泽,2018. 基于无人机多光谱数据的天然草地生物量估算方法研究[D]. 石河子:石河子大学.

孙宇瑞,2000. 土壤含水率和盐分对土壤电导率的影响[J]. 中国农业大学学报(4):39-41.

孙政,2020. 多时相极化 SAR 数据的旱地作物分类研究[D]. 北京:中国农业科学院.

田苗, 单捷, 卢必慧, 等,2022. 基于 MODIS-EVI 时间序列与物候特征的水稻面积提取[J]. 农业机械学报,53(8):196-202.

王冬利, 赵安周, 李静, 等,2019. 基于 GF-1 数据和非监督分类的冬小麦种植信息提取模型[J]. 科学技术与工程,19(35):95-100.

王健,蔡焕杰,刘红英,2002. 利用 Penman-Monteith 法和蒸发皿法计算农田蒸散量的研究[J]. 干旱地区农业研究(4):67-71,63.

王利军, 郭燕, 贺佳, 等,2018. 基于决策树和 SVM 的 Sentinel-2A 影像作物提取方法[J]. 农业机械学报,49(9):146-153.

王啸天,路京选,2016. 基于垂直干旱指数(PDI)的灌区实际灌溉面积遥感监测方法[J]. 南水北调与水利科技,14(3):169-174,161.

吴炳方,熊隽,闫娜娜,等,2008. 基于遥感的区域蒸散量监测方法:ETWatch[J]. 水科学进展(5):671-678.

吴喜芳,沈彦俊,张丛,等,2014. 基于植被遥感信息的作物蒸散量估算模型[J]. 中国生态农业学报,22(8):920-927.

许伟,2008. TDR 表面反射法土体含水量测试理论及技术[D]. 杭州:浙江大学.

杨德志,李琳琳,杨武,等,2014. 中子法测定土壤含水量分析[J]. 节水灌溉(3):14-15,19.

杨伟红,李振华,王雪梅,2016. 开封市污灌区土壤重金属污染及潜在生态风险评价[J]. 河南农业科学,45(11):53-57.

易珍言,赵红莉,蒋云钟,等,2014. 遥感技术在河套灌区灌溉管理中的应用研究[J]. 南水北调与水利科技,12(5):166-169.

尤加俊, 安如, 2015. 基于 CCI 和 MODIS 数据的淮河流域地表土壤湿度降尺度方法研[J]. 测绘与空间地理信息, 38(2): 30-34.

余涛,田国良,1997. 热惯量法在监测土壤表层水分变化中的研究[J]. 遥感学报(1):24-31,80.

张超, 陈婉铃, 马佳妮, 等,2022. 基于时序 EVI 的 2000—2019 年吉林省耕地生产力时空分析[J]. 农业机械学报,53(2):158-166.

张继舟,吕品,于志民,等,2014. 三江平原农田土壤重金属含量的空间变异与来源分析[J]. 华北农学报,29(增刊):353-359.

张晶,2019. 基于 NDVI 时间序列的作物提取模型研究[D]. 阜新:辽宁工程技术大学.

张仁华,1986. 以红外辐射信息为基础的估算作物缺水状况的新模式[J]. 中国科学(化学)(7):776-784.

张学礼,胡振琪,初士立,2005. 土壤含水量测定方法研究进展[J]. 土壤通报(1):118-123.

Ambika A K, Wardlow B, Mishra V,2016. Remotely sensed high resolution irrigated area mapping in India for 2000 to 2015[J]. Scientific data,3(1):1-14.

Anderson M C, Norman J M, Diak G R, et al. ,1997. A two-source time-integrated model for estimating surface fluxes using thermal infrared remote sensing[J]. Remote Sensing of Environment,60(2): 195-216.

Brown K W, Rosenberg N J,1973. A Resistance Model to Predict Evapotranspiration and Its Application to a

Sugar Beet Field [J]. Agronomy Journal,65(3): 341-347.

Cammalleri C, Anderson M C, Ciraolo G, et al. ,2012. Applications of a remote sensing-based two-source energy balance algorithm for mapping surface fluxes without in situ air temperature observations[J]. Remote Sensing of Environment,124: 502-515.

Carlson T N. , Gillies R R. , Perry E M, 1994. A method to make use of thermal infraredtemperature and NDVI mesurements to infer surface soil water content and fractional vegetational cover[J]. Remote Sensing Review, 9(12):161-173.

Fisher J B, Lee B, Purdy A J, et al. ,2020. ECOSTRESS: NASA's next generation mission to measure evapotranspiration from the International Space Station[J]. Water Resources Research,56(4): e2019WR026058.

Gao H, Wang C, Wang G, et al. ,2021. A novel crop classification method based on ppfSVM classifier with time-series alignment kernel from dual-polarization SAR datasets [J]. Remote Sensing of Environment, 264:112628.

Girona J,Mata M,Fereres E, et al. ,2002. Evapotranspiration and soil water dynamics of peach trees under water deficits[J]. Agricultural Water Management,54(2):107-122.

Goward S N. Xue Y K. Czajkowski K P,2002. Evaluating Land Surface Moisture Conditions from the Remotely Sensed Temperature/vegetation Index Measurements: An Exploration with the Simplified S: mple Biosphere Model[J]. Remote Sensing of Environment(79):225-242.

Heremans S, Bossyns B, Eerens H, et al. ,2011. Efficient collection of training data for sub-pixel land cover classification using neural networks[J]. International Journal of Applied Earth Observation and Geoinformation,13(4):657-667.

Huisman J,Sperl C,Bouten W, et al. ,2001. Soil water content measurements at different scales: accuracy of time domain reflectometry and ground-penetrating radar[J]. Journal of Hydrology,245(1-4):48-58.

Hulley G, Hook S, Fisher J, et al. ,2017. ECOSTRESS, A NASA Earth-Ventures Instrument for studying links between the water cycle and plant health over the diurnal cycle[C]. 2017 IEEE International Geoscience and Remote Sensing Symposium (IGARSS): 5494-5496.

Kim J, Hogue T S,2012. Improving spatial soil moisture representation through integration of AMSR-E and MODIS products [J]. IEEE Transactions on Geoscience and Remote Sensing,50(2): 446-460.

Kustas W P, Norman J M,1999. Evaluation of soil and vegetation heat flux predictions using a simple two-source model with radiometric temperatures for partial canopy cover[J]. Agricultural and Forest Meteorology,94(1): 13-29.

Merlin O, Bitar Albitar A, Walker J P, et al. ,2010. An improved algorithm for disaggregating microwave-derived soil moisture based on red, near-infrared and thermal-infrared data [J]. Remote Sensing of Evironment,114(10): 2305-2316.

Mohamad AbuZai, Andy McAllister, Des Witfield,2015. Mapping Irrigated Farmlands Using vegetation and Thermal Thresholds Derived from Landsat and ASTER Data in an Irrigation District of Australia [J]. Photogrammetric Engineering and Remote Sensing,81(3):229-238.

Mu Q, Heinsch F A,Zhao M,et al. ,2007. Development of a global evapotranspiration algorithm based on MODIS and global meteorology data[J]. Remote Sensing of Environment(11):519-536.

Nasrallah A, Baghdadi N, Mhawej M, et al. ,2018. A Novel Approach for Mapping Wheat Areas Using High Resolution Sentinel-2 Images[J]. Sensors,18(7):2089.

Norman J M, Anderson M C, Kustas W P, et al. ,2003. Remote sensing of surface energy fluxes at 101-m pixel resolutions[J]. Water Resources Research,39(8):1211-1228.

Norman J M, Kustas W P, Humes K S,1995. Source approach for estimating soil and vegetation energy fluxes in observations of directional radiometric surface temperature[J]. Agricultural and Forest Meteorology,77(3-4):263-293.

Potgieter A B, Apan A, Hammer G, et al.,2010. Early-season crop area estimates for winter crops in NE Australia using MODIS satellite imagery[J]. ISPRS Journal of Photogrammetry and Remote Sensing,65(4):380-387.

Rosema,1986. Results of the group agromet monitoring project [J]. ESA Journal,10(1):17-41.

Sandholt I, Rasmussen K, Anderson J,2002. A simple interpretation of the surface temperature/vegetation index space for assessment of surface moisture status[J]. Remote Sensing of Environment,79(2-3):213-224.

Selim S Z, Ismail M A,1984. K-means-type algorithms: a generalized convergence theorem and characterization of local optimality[J]. IEEE Trans Pattern Anal Mach Intell,6(1):81-87.

Senay G B, Bohms S, Singh R K, et al.,2013. Operational evapotranspiration mapping using remote sensing and weather datasets: A new parameterization for the SSEB approach[J]. JAWRA Journal of the American Water Resources Association,49(3): 577-591.

Senay G B,2018. Satellite psychrometric formulation of the Operational Simplified Surface Energy Balance (SSEBop) model for quantifying and mapping evapotranspiration[J]. Applied Engineering in Agriculture,34(3): 555-566.

Shuttleworth W J, Gurney R J,1990. The theoretical relationship between foliage temperature and canopy resistance in sparse crops[J]. Quarterly Journal of the Royal Meteorological Society,116(492):497-519.

Shuttleworth W J, Wallace J S,1985. Evaporation from sparse crops-an energy combination theory[J]. Quarterly Journal of the Royal Meteorological Society,111(469): 839-855.

Summers J D, Fisher H,1961. Net protein values for the growing chicken as determined by carcass analysis: exploration of the method[J]. J Nutr,75(4):435-442.

Toan T Le, Laur H, Mougin E,et al.,1989. Multitemporal and dual-polarization observations of agricultural vegetation covers by X-band SAR images[J]. IEEE Transactions on Geoscience and Remote Sensing,27(6):709-718.

Velpuri N M, Thenkabaiil N S, Gumma J K,et al.,2009. Influence of Resolutiion in Irrigated Area Mapping and Area Estination[J]. Photogrametric Engineering & Rememote Sensing,75(12):1383-1395.

Ventura F,Faber B,Bali M K, et al.,2001. Model for Estimating Evaporation and Transpiration from Row Crops[J]. Journal of Irrigation and Drainage Engineering,127(6):339-345.

Waston K, Poho H A,1974. offid T Thermal inertia mapping form satellites discrimination of geologic units in Oman[J]. J Res Geol Suvr,2(2):147-158.

Zheng B, Myint S W, Thenkabail P S, et al.,2015. A support vector machine to identify irrigated crop types using time-series Landsat NDVI data [J]. International Journal of Applied Earth Observation and Geoinformation,34:103-112.

第2章 作物有效降水量估算方法应用

作物有效降水量是作物蒸散发的重要来源,是制定科学的灌溉制度、实施节水灌溉、研究区域水资源供需平衡时必须予以考虑的重要指标。尤其在北方补充灌溉区,实施节水灌溉,一个很重要的方面就是在作物整个生育期内实施科学的用水调配,充分利用降水资源,提高降水有效利用率,对旱作物节水灌溉制度的制定具有至关重要的意义。

作物有效降水量,美国学者定义为可以满足生长着的作物蒸散发需要的部分降水(水利部国际合作司 等,1998),国内学者定义为总降水量中能够存在于作物根系层中用于满足作物蒸散发需要的那部分降水量(郭元裕,1986)。有效降水量强调被作物利用的部分降水,不包括地表径流和深层渗漏,这与水文循环中的定义不同,水文循环中的有效降水是指自然降水渗入到土壤中的部分,包括补充地下水的部分和形成地表径流通过坑塘等侧渗到土壤和地下水中的降水。作物有效降水量影响因素众多,强度小、持续时间短的降水对作物有效性高,强度大的降水易形成地表径流,从而降低降水对作物的有效性;土壤质地影响土壤入渗速率与保水性,入渗速率较低的土壤易形成地表径流,保水性强的土壤存蓄水分能力强;作物冠层对降水有截留作用,根系层深度对土壤含水率有影响;地形坡度也影响有效降水量(徐凤琴,2009;吉中礼,1985)。

研究目的不同对作物有效降水量的计算精度要求也不相同,在农田小尺度上,多依据土壤水分、气象参数的监测数据,采用农田水量平衡方程分析计算作物有效降水量,计算精度较高,因而被应用于灌溉制度制定、灌溉实时预报等方面(李远华,1999;赵永,2005)。在区域尺度上,作物有效降水量的计算常对土壤、植被等因素进行概化分析,如降水入渗系数(α)法是将影响作物有效降水量的各种因素概化在 α 中,USDA-SCS 公式只考虑降水因素等。此类计算模式因形式简单、计算简便而广泛应用于水资源供需平衡分析和作物需水量估算方面,但是降水入渗系数 α 一般按经验取值,USDA-SCS 经验公式有一定的地域局限性(刘钰 等,2009;金菊良 等,2013;庞艳梅 等,2015)。本章内容是在以往研究成果基础上,修改完善这些影响因素的确定方法,提出适用于区域尺度的作物有效降水量估算模型;同时,引入 Hydrus1D 模型,精细模拟农田水分运移和各层水分通量,探究田间尺度有效降水量利用规律,为区域尺度有效降水量估算提供参考。

2.1 区域旱作物有效降水量估算

2.1.1 研究区概况

如图 2-1 所示,选取石家庄的元氏、栾城和赵县,邯郸的馆陶和肥乡等 5 个县域为研究区,进行作物有效降水量的估算,冬小麦-夏玉米连作是研究区农业种植的主要模式。研究区属温带大陆性季风气候,日照充足,平均气温 12~13 ℃,年日照时间 1 900~2 300

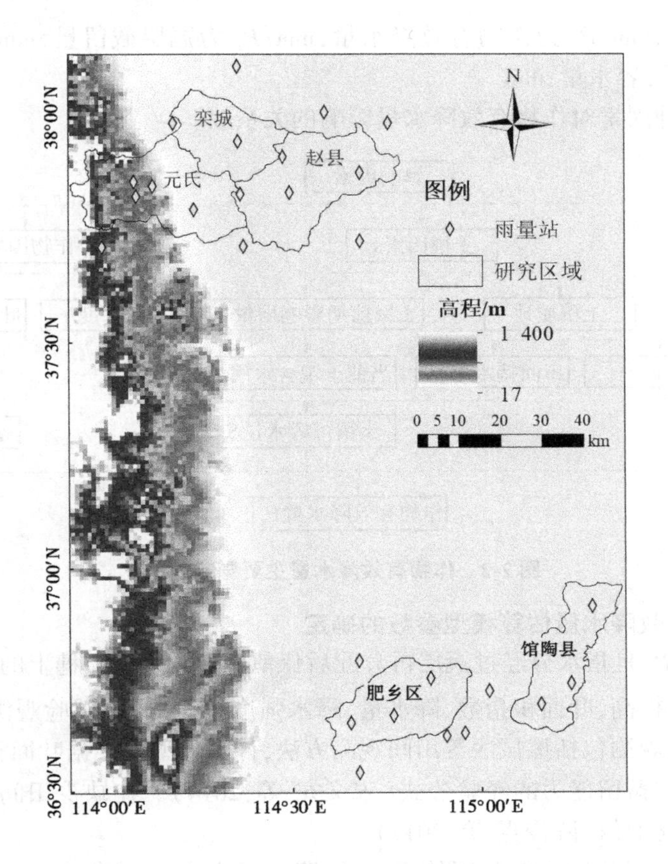

图 2-1　研究区地理位置

h,年平均降水量 490～550 mm,降水年内分配不均,多集中在 6—9 月,占全年降水的 70%～90%,全年无霜期 200～210 d,多年平均参照作物腾发量 1 000 mm 左右。

2.1.2　作物有效降水量估算模型构建

2.1.2.1　模型简介

考虑作物有效降水量受多种因素的综合影响,提出作物有效降水量估算的概化模型,即

$$P_e = f(p、s、c) \tag{2-1}$$

式中:P_e 为作物有效降水量;p 为降水因素,主要考虑降水量和降水强度;s 为土壤因素,考虑土壤质地、土壤前期影响雨量;c 为作物因素,考虑冠层截留和根系深度。

降水 P 扣除冠层截留 P_t、地表径流 R 后的部分降水($P-P_t-R$)入渗到作物根系层中,此时作物根系层的土壤可容水量为 S,若折减后的部分降水($P-P_t-R$)小于 S,则此部分降水能够被作物吸收利用;否则折减后的部分降水($P-P_t-R$)大于或等于 S,则能被作物利用的作物有效降水量最大为 S。因此,作物有效降水量估算公式为

$$P_e = \begin{cases} P - P_t - R & P - P_t - R < S \\ S & P - P_t - R \geq S \end{cases} \tag{2-2}$$

式中:P 为降水量,mm;P_e 为作物有效降水量,mm;P_t 为冠层截留量,mm;R 为地表径流量,mm;S 为土壤可容水量,mm。

图 2-2 为多种因素对作物有效降水量影响的关系图。

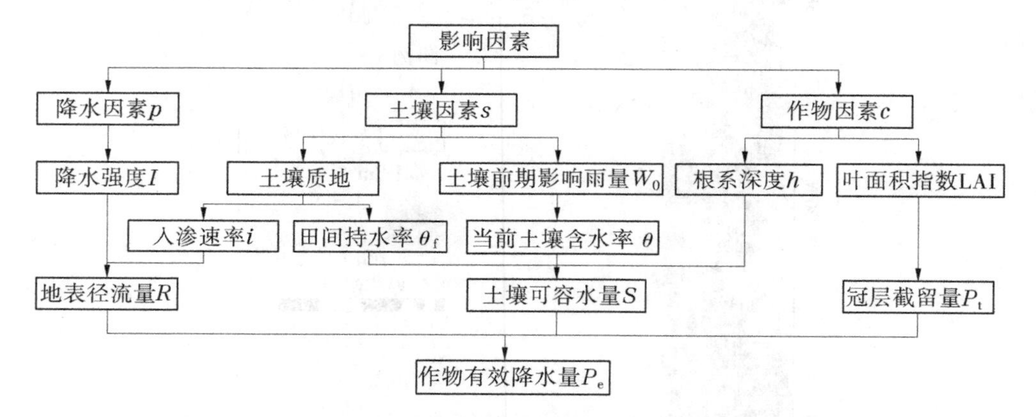

图 2-2 作物有效降水量主要影响因素

2.1.2.2 作物有效降水量估算模型参数的确定

冠层截留量 P_t 是指水分经过冠层再分配后保留在作物茎、叶、穗上的水量,其影响因素众多,主要包括株高、叶面积指数、降水量、降水强度等,可通过试验观测或利用计算模型确定,田间试验观测包括擦拭法等田间观测方法,计算模型多根据叶面积指数等作物参数建立的表示冠层截留能力的经验公式(宋文龙 等,2014)。在缺少田间试验数据时,P_t 随作物生育期变化取值(陈俊克 等,2017)。

地表径流量 R 是作物不能利用的降水量,降水量大于一定值时会产生地表径流量,称之为径流临界降水量 P_a,与农田坡度、降水频度、降水量大小等自然因素有关,也与农田土地平整、田间工程完善程度、农田田埂、地垄的作用有关,还与农田灌溉排水管理水平有关。本研究地表径流量 R 根据 SCS 径流公式计算,即

$$R = \begin{cases} 0 & P < \lambda S \\ \dfrac{(P - \lambda S)^2}{P + S - \lambda S} & P \geqslant \lambda S \end{cases} \tag{2-3}$$

式中:λ 为无量纲系数,与地貌和水文条件有关,一般取 0.15~0.25(王白陆,2005),美国土壤保持局在大量长期的试验结果上分析 λ 为 0.2 最适宜。

土壤可容水量 S 的理论计算公式见式(2-4),需要土壤含水率 θ 的实时观测数据,由于 θ 是变化的,并且很少有实时观测数据,因此很难用式(2-4)进行 S 的计算。美国农业部土壤保持局提出了径流曲线法 SCS-CN 经验模型计算 S,见式(2-5):

$$S = 10\gamma H(\theta_f - \theta) \tag{2-4}$$

$$S = \frac{25\,400}{\mathrm{CN} - 254} \tag{2-5}$$

式中:γ 为土壤体积质量,g/cm^3;H 为计划湿润层深度,cm;θ_f 和 θ 分别为土壤的田间持水率和当前土壤含水率,g/g;CN 为无量纲参数,根据土壤质地甄别土壤类型、考虑植被类型

和土地利用情况、降水前的土壤湿润程度确定，其中土壤湿润程度分为干旱、中等和湿润3个等级，由降水前5 d的累计降水量确定，CN取值方法及土壤湿润程度确定步骤参见相关文献(张改英,2014)。

根据式(2-5)计算S，未考虑作物品种和生育阶段对土壤可容水量的影响，本研究将土壤可容水量S的理论计算公式(2-4)和经验模型式(2-5)相结合，同时考虑研究区域的土壤特性、作物类型和作物所处的生育阶段对式(2-5)进行修正。建立修正模型分为3步，首先假设降水前的土壤含水率θ在干旱、中等、湿润等土壤湿润程度时的值分别为田间持水率的50%、65%、80%，根据研究区域的土壤特性、作物类型和作物所处的生育阶段由式(2-5)计算土壤可容水量的理论值$S_{理}$；其次采用SCS-CN经验模型式(2-5)确定干旱、中等、湿润等土壤湿润程度时土壤可容水量的经验值$S_{经}$值；最后，以$S_{理}$和$S_{经}$之间相关系数最大为评价准则，提出土壤可容水量S的修正经验模型式(2-6)，并结合研究区土壤特性、作物类型和作物所处生育阶段经统计分析确定经验常数a和b。

$$S = \frac{a}{CN} - b \qquad (2\text{-}6)$$

以上考虑冠层截留量P_t、地表径流量R和土壤可容水量S影响估算的作物有效降水量P_t，超过作物腾发量部分不能被作物吸收利用，因而视为深层渗漏量D，并据深层渗漏量D的估算结果对作物有效降水量P_e的估算结果进行修正：

$$\begin{cases} D = 0, P'_e = P_e & P_e < \mathrm{ET_c} \\ D = P_e - \mathrm{ET_c}, P'_e = \mathrm{ET_c} & P_e \geq \mathrm{ET_c} \end{cases} \qquad (2\text{-}7)$$

式中：P'_e为估算时段内作物有效降水量修正值，mm；$\mathrm{ET_c}$为估算时段内作物腾发量，mm；D为深层渗漏量，mm。

2.1.2.3　区域作物有效降水量计算流程

计算区域作物有效降水量，需要在空间尺度上对降水量、土壤质地和作物生长等情况进行分辨，并考虑计算的时间和空间尺度，因此计算数据量大。观测点数量越多、空间步长越小、时间步长越短，越能反映区域降水、土壤和作物生长的实际情况，不同生育期区域作物有效降水量的计算结果越精确，所需数据量越大。图2-3给出了区域作物有效降水量P_e估算模型的计算流程图，计算流程根据影响作物有效降水量的作物、土壤和降水因素，分为冠层截留量P_t、土壤可容水量S、地表径流量R、降水量P和深层渗漏量D等模块。

冠层截留量P_t模块根据所掌握的作物生长数据可以采用不考虑、赋值法和LAI参数计算法等不同的确定方法。土壤可容水量S是区域土壤、作物生长情况的反映，是计算地表径流量R和作物有效降水量P_e的关键；计算时需要输入研究区域土壤体积质量和田间持水率等土壤信息、作物生育阶段、根系层深度等作物信息。降水量P模块需要输入径流临界降水量P_a、无量纲系数λ等参数。根据以上考虑作物、土壤和降水因素估算作物有效降水量与作物腾发量比较，确定深层渗漏量D，并据此对作物有效降水量P_e的估算结果进行修正。模型参数选用灵活，可适应不同地区、不同作物生长的情况，也能够根据所掌握的数据资料灵活选用不同的模型方法进行计算。

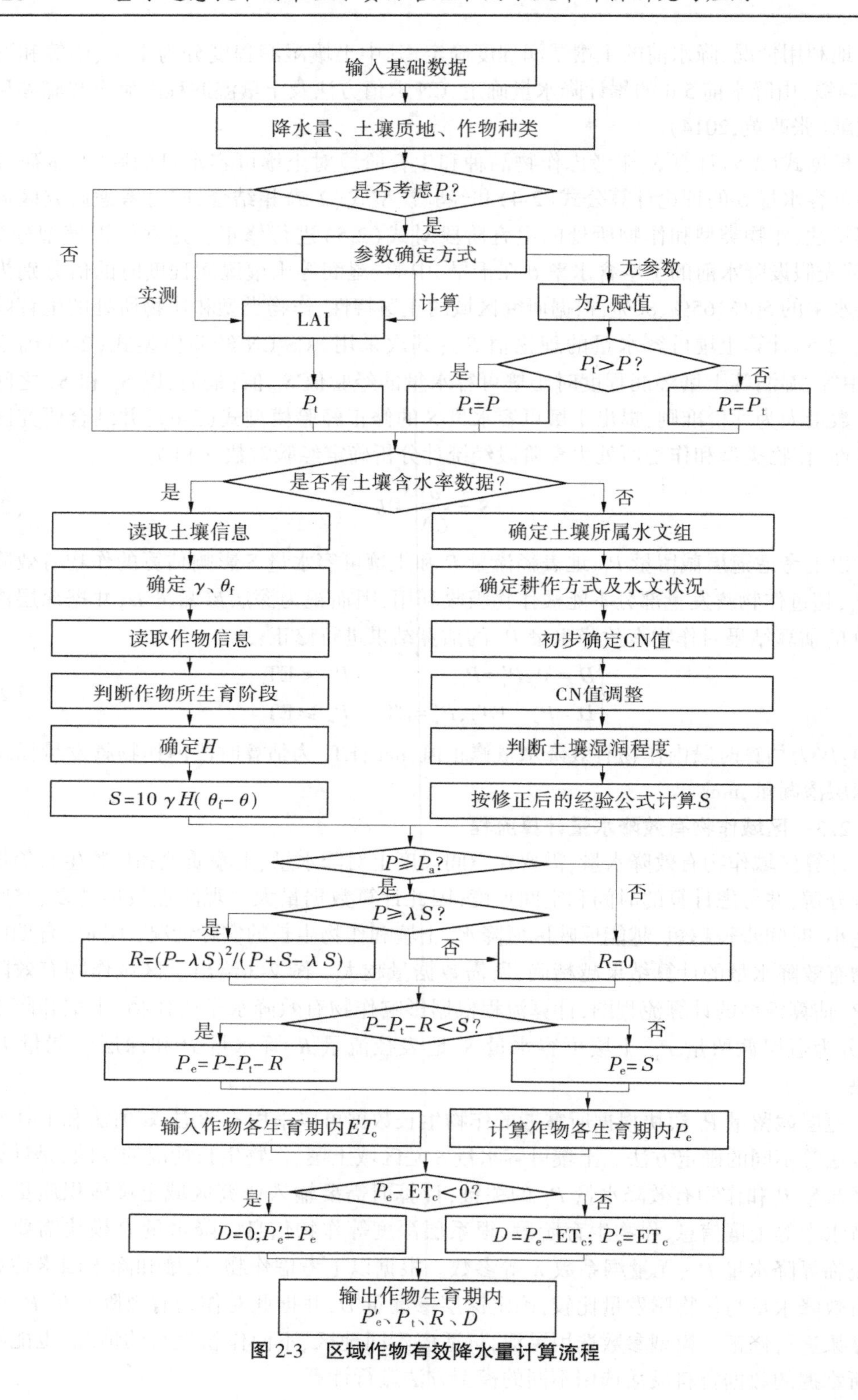

图 2-3　区域作物有效降水量计算流程

2.1.3　作物有效降水量 P_e 估算模型验证和应用

2.1.3.1　数据资料及来源

降水量资料包括研究区域及周边 28 个雨量站 2006—2015 年逐日降水量数据、石家庄气象站 1958—2015 年逐日降水数据，前者由河北省水文局提供，后者来自中国气象科学数据共享网。研究区气象数据来源于栾城和馆陶气象站，气象要素包括逐日降水量、平均气温、最高气温、最低气温、风速、相对湿度和日照时间等。研究区的土壤数据，包括土壤质地、田间持水率和研究时段逐旬不同深度的土壤含水率数据，由研究区县级抗旱服务站提供。研究区域冬小麦和夏玉米各生育阶段的起止日期根据中国气象科学数据共享网《中国农作物生长发育和农田土壤湿度旬值数据集》确定。

2.1.3.2　作物有效降水量 P_e 模型参数确定

研究区冠层截留量 P_t 随冬小麦和夏玉米生育期的变化取不同的定值，冬小麦在拔节期、抽穗期、乳熟期分别确定为 0.7 mm、1.5 mm 和 1.2 mm（任庆福 等，2016），夏玉米在拔节期、抽雄期、灌浆期、成熟期分别确定为 0.8 mm、1.8 mm、2.9 mm 和 2.6 mm（郝芝建 等，2008）。地表径流量 R 的计算参数，径流边界降水量 P_a 取 90 mm，λ 取 0.2，修正后的研究区域土壤可容水量 S 修正经验公式见表 2-1，针对干旱、中等、湿润等土壤湿润程度 CN 分别取 60、78、90。

表 2-1　研究区域作物生育期根系层可容水量 S 修正经验公式

区域	生育阶段	冬小麦		夏玉米	
		修正后经验公式	R^2	修正后经验公式	R^2
元氏 栾城 赵县	初期	S=10 114.28/CN−69.01	0.955	S =9 621.52/CN−63.77	0.938
	发育期	S=15 534.64/CN−104.85	0.955	S =10 767.06/CN−56.74	0.975
	中期	S =19 768.82/CN−133.41	0.955	S =19 288.76/CN−128.32	0.939
	后期	S =24 717.78/CN−171.55	0.955	S =22 593.30/CN−152.48	0.955
馆陶	初期	S =9 182.10/CN−56.16	0.846	S =9 182.10/CN−56.16	0.846
	发育期	S =14 429.74/CN−88.26	0.846	S =11 805.95/CN−72.21	0.846
	中期	S =18 364.20/CN−112.32	0.846	S =18 364.20/CN−112.32	0.846
	后期	S =23 611.84/CN−144.41	0.846	S =20 988.02/CN−128.35	0.846
肥乡	初期	S =9 271.00/CN−62.57	0.955	S =9 271.00/CN−62.57	0.955
	发育期	S =14 569.44/CN−98.33	0.955	S =11 920.22/CN−80.45	0.955
	中期	S =18 542.00/CN−125.14	0.955	S =18 542.00/CN−125.14	0.955
	后期	S =23 837.90/CN−160.87	0.955	S =21 188.68/CN−142.99	0.955

利用式（2-2）对研究区域 2006—2015 年作物有效降水量进行分析计算，利用反距离权重法对站点计算结果进行空间插值，得到研究区域作物有效降水量空间分布。研究区域内丰水年 25%、平水年 50%和枯水年 75%的典型年份的降水量由表 2-2 给出，重点分析

了研究区域典型年份作物有效降水量空间分布。

表 2-2 研究区域不同水文年典型年选择及降水量

水文年份	丰水年 $P=25\%$	平水年 $P=50\%$	枯水年 $P=75\%$
理论降水量/mm	617.5	494.8	410.6
实际降水量/mm	550.5	530.0	430.4
典型年份	2012	2013	2007

2.1.3.3 作物有效降水量 P_e 模型验证方法

根据研究区域的数据,采用提出的作物有效降水量估算模型分析和计算石家庄栾城站和馆陶魏僧寨站的作物有效降水量 P_e^c;同时根据栾城站和馆陶魏僧寨站 2014 年和 2015 年 3—7 月、9—11 月中旬的 10 cm、20 cm 和 50 cm 深度的土壤含水率观测数据,采用农田水量平衡方程[见式(2-8)]分析和计算栾城站和馆陶魏僧寨站农田尺度上的作物有效降水量 P_e^0,即

$$P_e^0 = W_t - W_0 - K - M + ET_c \tag{2-8}$$

式中:W_0、W_t 为时段 t 始末的土壤储水量,mm;K 为地下水补给量,mm,研究区地下水埋深大于 10 m,不考虑地下水补给量;M 为时段内灌溉水量,mm,栾城站和馆陶魏僧寨站 2 个县级抗旱服务站只记录了土壤含水率观测地块的灌水时间,本研究查阅文献(张志宇 等,2013;宋同 等,2017),总结了河北平原区冬小麦和夏玉米各生育期的灌水定额,根据作物所处生育阶段确定灌溉水量;ET_c 为时段内作物腾发量,mm,利用 P-M 公式计算,作物系数利用分段单值平均法确定。

比较 2 种作物有效降水量 P_e 计算方法、作物有效降水量 P_e^c 和 P_e^0 的计算结果,以水量平衡法计算结果 P_e^0 为标准,选用偏差系数 PBIAS、决定系数 R^2 及纳什系数 NSE 评估本文提出的作物有效降水量模拟值 P_e^c 的估算结果。PBIAS 大于 0,表明模型模拟值低于水量平衡法计算值,反之,表示模拟值高于计算值;R^2 越大,模型模拟值越接近计算值,一般 R^2 大于 0.5 即可接受;NSE 越接近 1 模型模拟计算效果越好,NSE 大于 0.5 可接受。

$$\text{PBIAS} = \frac{\sum_{i=1}^{n} P_{ei}^0 - P_{ei}^c}{\sum_{i=1}^{n} P_{ei}^0} \times 100\% \tag{2-9}$$

$$R^2 = \frac{\left[\sum_{i=1}^{n} (P_{ei}^0 - P_{e\,mean}^0)(P_{ei}^c - P_{e\,mean}^c)\right]^2}{\sum_{i=1}^{n} (P_{ei}^0 - P_{e\,mean}^0)^2 \sum_{i=1}^{n} (P_{ei}^c - P_{emean}^c)^2} \tag{2-10}$$

$$\text{NSE} = 1 - \frac{\sum_{i=1}^{n} (P_{ei}^0 - P_{ei}^c)^2}{\sum_{i=1}^{n} (P_{ei}^0 - P_{emean}^0)^2} \tag{2-11}$$

式中:n 为观测值数量;P_{ei}^0 为第 i 种作物农田尺度、水量平衡法作物有效降水量的计算值,mm;$P_{e\,mean}^0$ 为农田尺度、水量平衡法作物有效降水量计算值的平均值,mm;P_{ei}^c 为第 i 种作

物用本书提出的估算模型估算的作物有效降水量,mm;$P^{c}_{e\,mean}$ 为利用本书提出的模型对作物有效降水量估算值的平均值,mm。

2.1.4　结果与分析

2.1.4.1　作物有效降水量估算模型模拟结果 P^{c}_{e} 的验证

图 2-4 为栾城站和魏僧寨站 2014 年和 2015 年田间尺度水量平衡法作物有效降水量计算值 P^{0}_{e} 与利用提出的估算模型对作物有效降水量模拟值 P^{c}_{e} 的计算结果,对 2 种作物有效降水量计算结果进行了比较,结果见图 2-5。2 种作物有效降水量计算结果二维图与 1:1线契合程度较好,模型模拟值 P^{c}_{e} 较田间尺度计算值 P^{0}_{e} 偏大,栾城站计算结果偏

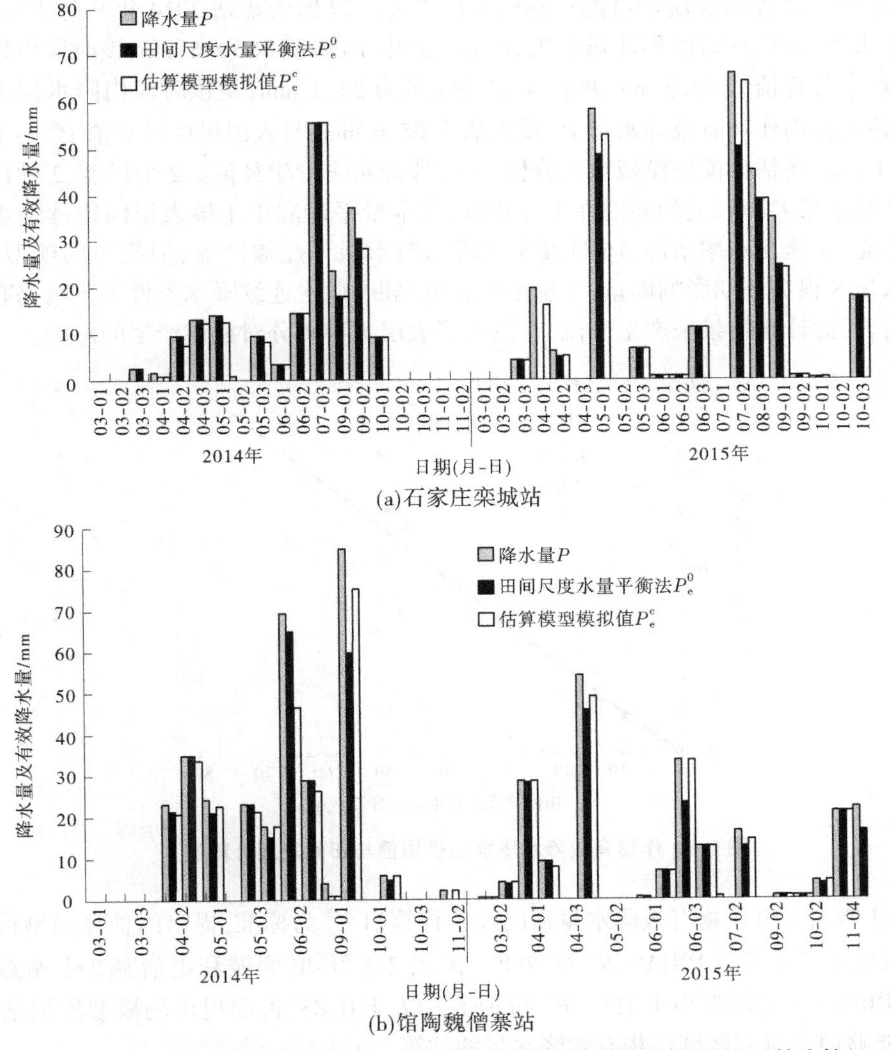

(a)石家庄栾城站

(b)馆陶魏僧寨站

图 2-4　作物有效降水量田间尺度计算值 P^{0}_{e} 与估算模型模拟值 P^{c}_{e} 的比较

差较小,魏僧寨站计算结果偏差相对较大。栾城站 2014 年和 2015 年 P_e^0 的累计值分别为 179.3 mm 和 217.4 mm,模拟值 P_e^c 的累计值分别为 171.7 mm 和 242.8 mm,2014 年 4 月中旬、2015 年 4 月上旬和 2015 年 7 月中旬 3 个计算时段 P_e^0 和 P_e^c 相对偏差较大,分别为 22%、88%和 28%,其余计算时段 P_e^0 和 P_e^c 的相对偏差小于 10%。魏僧寨站 2014 年和 2015 年 P_e^0 累计值分别为 273.2 mm 和 167.7 mm,P_e^c 累计值分别为 271.4 和 182.3 mm, 2014 年 6 月中旬、9 月中旬和 2015 年 6 月上、下旬 4 个计算时段 P_e^0 和 P_e^c 的相对偏差较大,分别为 29%、26%、100%和 44%,其余计算时段 P_e^0 和 P_e^c 的相对偏差均小于 20%。

作物有效降水量 P_e^c 估算模型中,土壤可容水量 S 是计算地表径流量的关键参数,由前 5 d 降水量判断计算,未充分考虑土壤水分运移及累计过程,对于连续降水和大降水事件,由估算模型计算的径流量可能存在较大的误差。以魏僧寨站 2014 年 9 月 12—18 日连续降水事件为例,该时段累计降水 72.6 mm,其中 16 日降水 50.6 mm,该时段内作物有效降水量 P_e^0 计算值为 49.5 mm,所产生的径流量为 23.1 mm,是该时段内降水损失的主要形式;该时段内作物有效降水量 P_e^c 模拟值为 65.6 mm,与农田尺度计算值 P_e^0 的绝对误差为 16.1 mm,从估算模型模拟结果分析,该时段降水未产生径流。2 个尺度、2 种计算方法径流计算结果差异较大的原因在于:田间尺度水量平衡法中土壤表层因连续降水而得到水分补充、土壤含水率增加,16 日发生大降水时形成了超渗产流;但提出的模型中,土壤可容水量 S 根据前期影响雨量、土壤湿润程度判断,此次连续降水条件下土壤仍有较强储水能力,因此计算结果未产生径流,是忽略了表层土壤水分对径流产生的影响。

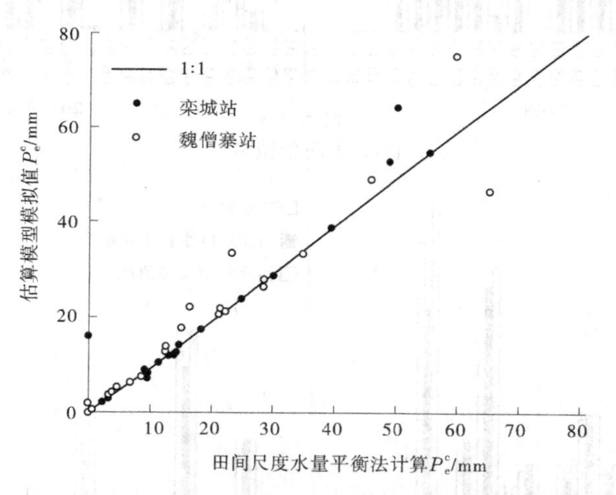

图 2-5 作物有效降水量模型模拟值与田间尺度计算值

表 2-3 给出了以作物有效降水量田间尺度计算值 P_e^0 为标准,提出的估算模型模拟值 P_e^c 的模拟效果评价参数 PBIAS、R^2 及 NSE。由表 2-3 可知,栾城和魏僧寨 2 个站点模拟值 P_e^c 的 PBIAS 绝对值都小于 15%,R^2 和 NSE 均大于 0.85,说明提出的模型模拟结果 P_e^c 较理想,能够用于研究区域作物有效降水量的估算。

表 2-3　作物有效降水量区域尺度模拟值 P_e^c 模拟效果评价

站点	年份	P/mm	P_e^0/mm	P_e^c/mm	PBIAS/%	R^2	NSE
栾城	2014	192.9	179.3	171.7	4.3	0.99	0.99
	2015	271.8	217.4	242.8	−11.7	0.97	0.94
魏僧寨	2014	315.8	273.2	271.4	0.68	0.87	0.87
	2015	191.1	167.7	182.3	−8.69	0.97	0.95

2.1.4.2　研究区域作物有效降水量 P_e 时空分布

采用提出的作物有效降水量估算模型计算与分析整个研究区域冬小麦-夏玉米连作条件下作物有效降水量。表 2-4 给出了研究区域 5 个县域 2006—2015 年多年平均冠层截留量 P_t、地表径流量 R、深层渗漏量 D、作物有效降水量 P_e 和降水入渗系数 α 的分析计算结果。由表 2-4 可知,研究区域多年平均降水量为 456.2~490.9 mm,均值为 477.1 mm;多年平均作物有效降水量为 393.0~412.8 mm,均值为 400.0 mm;降水入渗系数为 0.80~0.86;冠层截留 P_t 和深层渗漏 D 是主要降水损失,分别占降水量的 7.8%和 6.5%,且深层渗漏主要发生在夏玉米生育期;地表径流量 R 占降水量的 2%。馆陶县的深层渗漏量较其他县域大,与馆陶县的土壤特性有关,馆陶县属掩埋古河道的壤质土冲积平原,土壤的可容水量小于其他县域,深层渗漏量偏大。

表 2-4　研究区域冬小麦-夏玉米连作条件下多年平均作物有效降水量模拟结果

站点	P/mm	P_t/mm	R/mm	D/mm	P_e/mm	α
栾城	490.9	39.1	9.0	30.0	412.8	0.84
元氏	488.3	39.7	14.1	28.5	406.0	0.83
赵县	461.1	37.9	5.4	23.5	394.3	0.85
肥乡	456.2	34.8	8.0	19.3	394.1	0.86
馆陶	488.9	34.6	7.6	53.8	393.0	0.80
均值	477.1	37.2	8.8	31.0	400.0	0.84

图 2-6 给出了研究区不同水文年份作物有效降水量的分布情况。研究区作物有效降水量多年平均为 354.6~438.1 mm,均值为 400.0 mm;丰水年、平水年和枯水年分别为 318.0~504.7 mm、369.3~531.0 mm 和 250.6~435.2 mm,均值分别为 418.8 mm、454.3 mm 和 354.7 mm,降水入渗系数 α 分别为 0.76 mm、0.86 mm 和 0.83 mm。研究区平水年和枯水年的降水入渗系数高于丰水年的降水入渗系数;丰水年降水多源于几次较大降水量的次降水过程,易形成地表径流,从而降低了丰水年降水对作物的有效性;枯水年降水量偏小,冠层截留量所占比例较丰水年和平水年大,兹视冠层截留量为无效雨量,且夏玉米生育期部分降水产生深层渗漏,也降低降水有效性,综合两种降水损失,可能是枯水年降水入渗系数较平水年小的原因。不同水文年份下,研究区域作物有效降水量空间分布特征说明,石家庄 3 县作物有效降水量较邯郸 2 县偏大,石家庄栾城和元氏的作物有效降水量较赵县偏高,肥乡区中东部的作物有效降水量较西部略高,馆陶县中北部的作物有效

降水量较南部略高。

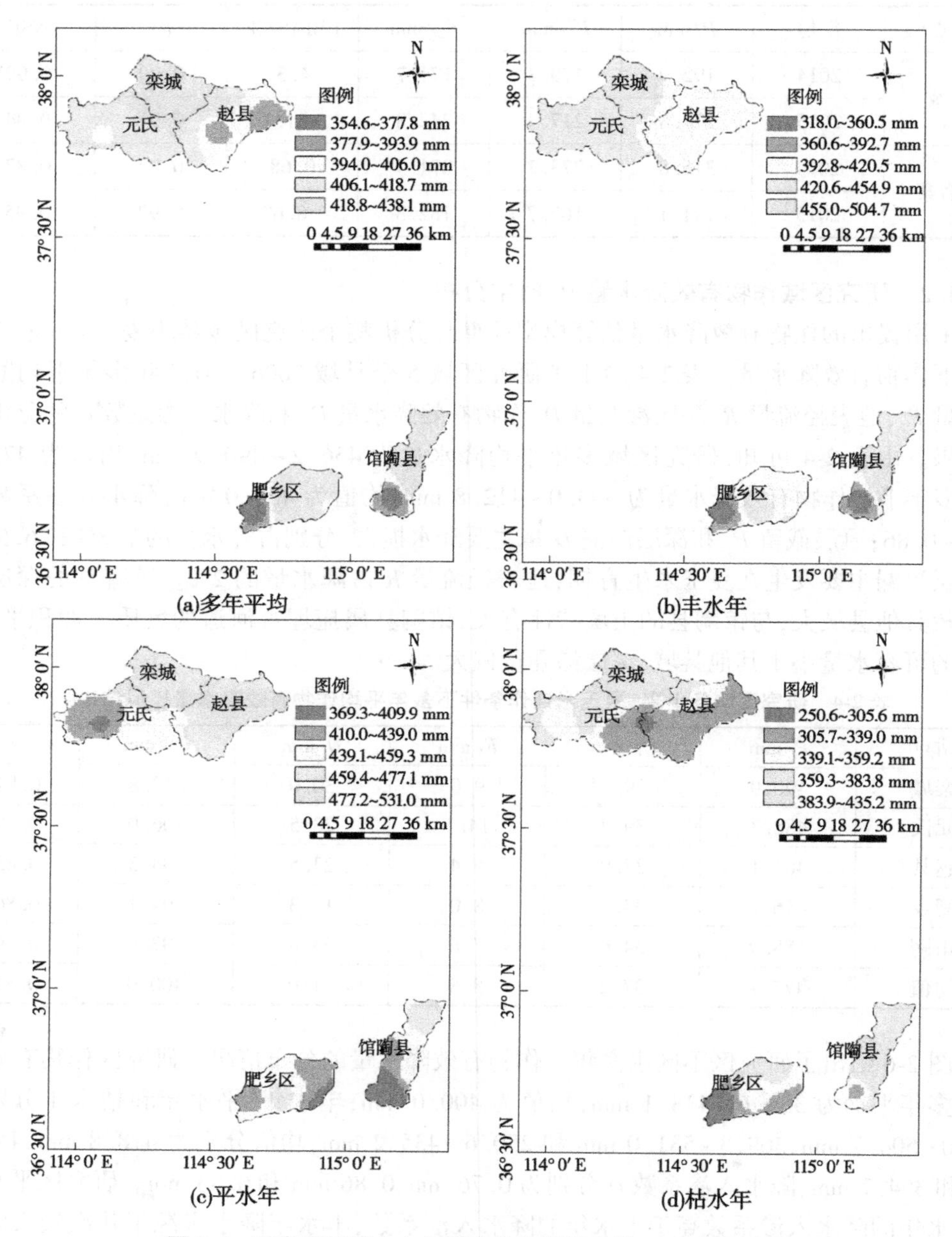

图 2-6　研究区不同水文年份作物有效降水量 P_e 的空间分布

2.1.5　讨论与结论

关于作物有效降水量已有众多研究成果，沈彦军等（2013）以大于 10 mm 的日降水作为有效降水量，计算太行山山前平原区冬小麦生育期有效降水量平均值为 55 mm；胡玮等（2013）利用美国农业部推荐的 SCS 法计算的冀京津地区冬小麦生育期有效降水量平均为64 mm;姬兴杰等(2014)利用SCS法计算河南省冬小麦生育期有效降水量为115 mm;白芳芳等(2017)利用CROPWAT模型计算河南省冬小麦生育期有效降水量多年平均值为202 mm,通过与本研究中冬小麦生育期有效降水量对比可知,不同计算方法计算作物有效降水量结果存在差异,与地域条件和计算过程中考虑的影响因素有关。

兹考虑降水因素、土壤因素和作物因素对作物有效降水量的影响,提出区作物有效降水量估算模型,该模型包括冠层截留量P_t、土壤可容水量S、地表径流量R、降水量P、深层渗漏量D等4个计算模块。在土壤可容水量S模块中考虑研究区域土壤特性、作物类型和作物所处的生育阶段,将理论计算公式和经验模型相结合提出了土壤可容水量S修正计算模型。但是该模型计算逐日作物有效降水量,未能完全模拟土壤水分动态变化过程,对于连续且强度较大的降水事件,作物有效降水量估算值偏大。

主要结论如下:

(1)利用河北平原栾城和魏僧寨2个站点农田尺度的土壤含水率观测数据,根据农田水量平衡方程计算的作物有效降水量对提出的作物有效降水量估算模型模拟结果进行验证,结果表明,作物有效降水量估算模型模拟结果除个别时段偏差较大,大多计算时段模拟结果较理想,2个站点作物有效降水量模拟结果与农田尺度水量平衡计算值的决定系数R^2和纳什系数NSE均大于0.85,模拟精度较高,能够用于区域尺度作物有效降水量的估算。

(2)利用作物有效降水量估算模型分析河北平原栾城、元氏、赵县、肥乡区和馆陶县5个县域的作物有效降水量,结果表明,研究区域多年平均降水量477.1 mm,冬小麦-夏玉米连作条件下作物有效降水量400.0 mm,降水入渗系数为0.84;丰水年、平水年、枯水年作物有效降水量分别为418.8 mm、454.3 mm和354.7 mm,降水入渗系数分别为0.76、0.86和0.83;栾城和元氏的作物有效降水量较赵县偏高,肥乡区中东部的作物有效降水量较西部略高,馆陶县中北部的作物有效降水量较南部略高。

(3)与传统作物有效降水量计算模型相比,提出的作物有效降水量估算模型考虑了作物、土壤、降水等影响因素对作物有效降水量的影响,所涉及参数取值既可以根据实测数据取值,又能按经验取值,能够为区域尺度作物有效降水量的估算提供理论支撑和计算模型。

2.2　典型地块农田有效降水量估算

2.2.1　研究区概况

石津灌区位于河北平原中南部,地理位置界于37°30′N~38°18′N,114°19′E~116°30′E,灌区控制面积4 144 km^2,设计灌溉面积1.33×10^3 km^2,纯渠灌面积525.73 km^2,井渠双灌面积807.6 km^2。石津灌区属暖温带大陆性季风气候,多年平均降水量488 mm,年内分配不均,多集中在6—8月,约占全年降水量的70%,并且多以暴雨形式出现,春季降水量仅占8%~12%。年蒸发量1 000~1 200 mm,年平均气温12~13 ℃。年最大冻土深47 cm,全年无霜期190~200 d。年日照总时数2 629.5 h,日照率为59%,0 ℃以上日照总时数为2 124.2 h。0 ℃以上积温4 600~5 000 ℃。土壤质地为砂质、壤质、黏质土壤交错分布,地下水埋深较深。灌区根据土质大致可分为Ⅰ区壤土区和Ⅱ区黏土区。因此，在两个分区各选择 1 个典型地块，其地理位置示意如图 2-7 所示。

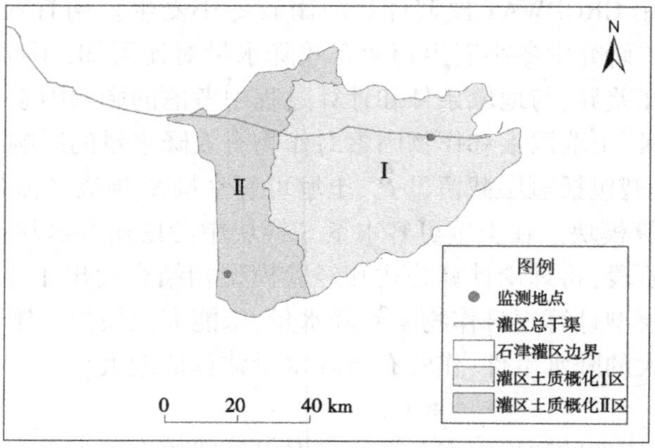

图 2-7　研究区及典型地块地理位置示意

东四王村典型地块位于深州市榆科镇东四王村，海拔高度 24 m，地下水埋深 30 m 左右，种植面积 1.2×10^4 m^2，种植方向为南北行，灌溉方向由南向北，由东向西共设置 3 个观测点，观测点间距为 30 m。

北梁庄村典型地块位于宁晋县大陆村镇北梁庄村，海拔高度 32 m，地下水埋深 50 m 左右，种植面积 4.7×10^4 m^2，种植方向为南北行，灌溉方向由北向南，由南向北设置 3 个观测点，观测点间距为 30 m。

2.2.2　研究方法

降水有效利用系数 α 是有效降水量与相应时段总降水量 P 的比值，即

$$\alpha = P_e / P_0 \tag{2-12}$$

本节的降水有效利用系数特指冬小麦和夏玉米全生育期的降水有效利用系数。在农田尺度上，采用水量平衡方程分析作物有效降水量，即《灌溉试验规范》（SL 13—2015）推荐的旱田时段降水的有效降水量计算公式：

$$P_e = ET - K - M - (W_1 - W_2) \tag{2-13}$$

式中：P_e 为计算时段内有效降水量，mm；ET 为计算时段内蒸散发量，mm；K 为计算时段内旱田地下水补给量，mm；M 为计算时段灌溉量，mm；W_1、W_2 分别为计算时段开始、结束时根系吸水层内土壤储水量，mm；其中 ET 采用参考作物蒸散发量 ET_0 和作物系数 K_c 的乘积，K，M，W_1，W_2 均采用 Hydrus1D 的模拟结果。

本研究采用 FAO56 P-M 公式计算典型地块的参考作物蒸散发量，其表达式为

$$ET_0 = \frac{0.408\Delta(R_n - G) + \gamma \frac{900}{T + 273} u_2 (e_s - e_a)}{\Delta + \gamma(1 + 0.34u_2)} \tag{2-14}$$

式中：ET_0 为参考作物蒸散发量，mm/d；R_n 为作物冠层表面太阳净辐射，MJ/(m^2 · d)；G 为土壤热通量，MJ/(m^2 · d)；γ 为湿度计常数，kPa/℃；T 为平均气温，℃；u_2 为地面以上 2 m 处风速，m/s；$e_s - e_a$ 为水汽压差，kPa；Δ 为饱和水汽压与温度曲线的斜率，kPa/℃。

参考作物蒸散发量是以假想的草为参考，由于根系深度、作物生育期和作物生理等特性均与实际作物存在差异，而作物系数(K_c)会考虑作物种类和作物发育情况，FAO推荐采用作物系数法(Allen et al.,1994)计算作物蒸散发量，本研究采用双作物系数法(刘钰等,2000;赵而雯 等,2010)计算典型地块作物需水量，由于选取的典型地块在灌区内，有着充分的供水和完善的田间管理，因此取土壤胁迫系数K_s为1，表达式为

$$ET_c = (K_s K_{cb} + K_e) \times ET_0 \tag{2-15}$$

式中：ET_c为作物需水量，mm/d；K_{cb}为基础作物系数；K_e为土壤蒸发系数；K_s为土壤胁迫系数。

当作物生育期在中期和后期的最小相对湿度$RH_{min} \neq 45\%$，2 m处风速$u_2 \neq 2$ m/s，且$K_{cb}>0.45$时，$K_{cb\,mid}$和$K_{cb\,end}$要根据式(2-16)做出调整：

$$K_{cb} = K_{cb(推荐)} + [0.04(u_2 - 2) - 0.004(RH_{min} - 45)]\left(\frac{h}{3}\right)^{0.3} \tag{2-16}$$

式中：h为作物此阶段平均株高，m；RH_{min}为空气最小相对湿度，%；u_2为2 m高处风速，m/s。

根据典型地块的气候条件和作物生长情况，对FAO推荐的双作物系数法对冬小麦和夏玉米的基础作物系数进行修正，见表2-5。

表2-5　石津灌区冬小麦和夏玉米基础作物系数

类型	生育初期	生育中期	生育后期
冬小麦	0.15	1.1	0.225
夏玉米	0.15	1.16	0.325

土壤蒸发系数(K_e)是在棵间土壤上进行的，K_e用来反应ET_c中的土壤蒸发部分，当大雨或灌溉后，表层土壤湿润，K_e达到最大值；当表层土壤干燥时，K_e很小，甚至为0，计算K_e的表达式为

$$K_e = K_r(K_{c\,max} - K_{cb}) \leqslant f_{ew} K_{c\,max} \tag{2-17}$$

式中：$K_{c\,max}$为降雨或灌溉后作物系数的最大值；K_r为由累积蒸发水深决定的表层土壤蒸发衰减系数；f_{ew}为裸露和湿润土壤的比值。

式(2-17)中各参数的取值参考相关文献(Allen et al.,1998)确定。

2.2.3　Hydarus1D模型和不同情景方案设置

本研究采用Hydrus1D软件，构建不同情景下的土壤水分运移模型，根据水量平衡原理，模拟不同情景下的时段有效降水量P_e。Hydarus1D是国际地下水模拟中心于1999年开发的商业化软件。该软件是一种用于分析水流和溶质在非饱和多孔隙媒介中运移的环境数值模型，是用土壤物理参数模拟水、热及溶质在土壤中运动的有限元计算机模型。该模型软件程序可以灵活地处理各类水流边界，包括定水头和变水头边界、给定流量边界、渗水边界、自由排水边界以及排水沟等。其模块结构如图2-8所示。

本研究主要模拟冬小麦-夏玉米轮作条件下的土壤水分垂向运动，因此仅考虑土壤水分的一维垂向运移，不考虑水平和侧向流动。土壤水分一维运动的连续方程(Richards

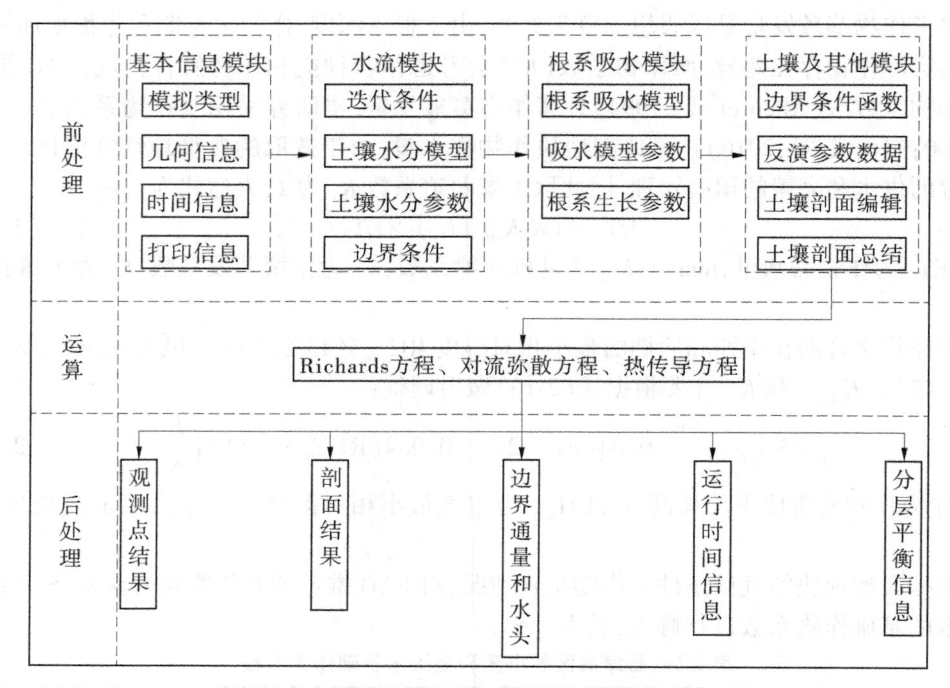

图 2-8 Hydrus1D 模块结构

方程)见式(2-18):

$$\frac{\partial \theta}{\partial t} = \frac{\partial}{\partial z}\left[\mathrm{K}(\mathrm{h})\left(\frac{\partial h}{\partial z} + 1\right)\right] - S(h) \tag{2-18}$$

式中: θ 为土壤体积含水率, cm^3/cm^3; t 为时间,d; $K(h)$ 为非饱和土壤水力传导度,为含水率的函数,cm/d; h 为压力水头,cm; z 为垂向坐标(向上为正); $S(h)$ 为作物根系吸水率,1/d。

考虑冬小麦-夏玉米轮作条件下的根系吸水和根系生长情况,选择 Hydrus1D 中的 Feddes 根系吸水模型(Feddes et al. ,1978),由于研究的作物为冬小麦与夏玉米,故不考虑溶质对水分的胁迫作用。

$$S(h) = \alpha(h) S_p \tag{2-19}$$

式中: $S(h)$ 为单位时间内由于植物吸水而从土壤单位体积中移出的水的体积,即根系吸水率; $\alpha(h)$ 为根系吸水中水分胁迫响应函数,是一个规定无因次函数的土壤水分压头($0 \leqslant \alpha \leqslant 1$); S_p 为潜在的水吸收速率,1/cm。

S_p 在非均匀分配情况下的计算公式如下:

$$S_p(z,t) = b(z) T_p \tag{2-20}$$

式中: $b(z)$ 为潜在吸水率函数; T_p 为潜在蒸腾速率,1/cm。

Hydrus1D 允许设置任何形状的吸水分布函数,本模拟中使用 Hoffman-van Genuchten 函数来计算 $b(z)$:

$$b(z)=\begin{cases}\dfrac{1.667}{L_R} & z > L-0.2L_R \\ \dfrac{2.0833}{L_R}\left(1-\dfrac{L-z}{L_R}\right) & z\in(L-L_R;L-0.2L_R) \\ 0 & z < L-L_R\end{cases} \tag{2-21}$$

式中：L 为土壤深度，cm；L_R 为根深，cm。

Hydrus1D 模型情景方案设置包括降水情景设置、灌溉情景设置、初始条件设置等。

(1)降水情景设置。

根据石津灌区附近南宫站的 1958—2017 年降水资料，设置 90%、80%、75%、62%、50%等 5 种不同降水频率情景，在每种情景下选取降水频率相近的 3 年作为重复，共选取 15 个年份的降水进行模拟，所选年份的降水量在 258.2～475.0 mm 变化，变幅达 189.8 mm。具体降水情景设置见表 2-6。

表 2-6　不同降水情景设置

情景序号	水文频率/%	降水量/mm	年份
1	50	475.0	1995
	50	473.3	1961
	50	469.3	1991
2	62	441.8	1979
	62	438.3	2007
	62	434.5	1975
3	75	408.7	2010
	75	401.5	1984
	75	400.3	1980
4	80	383.7	1967
	80	382.8	1970
	80	378.1	2004
5	90	325.6	1968
	90	288.4	1997
	90	258.2	1986

(2)灌溉情景设置。

为了能够指导灌溉实践并尽可能与不同年景下实际发生的灌溉情况相符，本研究在 Hydrus1D 模型模拟灌水方案的确定中主要考虑了以下 3 个方面：采用现场调研的方式，对东四王村和北梁庄村典型地块进行了 2019 年、2020 年的田间管理资料收集，设置方案时充分考虑了现场调查的结果；方案结合了河北省水利厅发布的地方标准《农业用水定额》(DB13/T 1161—2016)和石津灌区管理局下达的《春灌工作实施意见》的推荐意见；同时也考虑了农民的灌溉习惯和成本等因素，最终确定了石津灌区东四王村、北梁庄村典型地块在模型模拟情景下的灌溉方式、灌溉时间、灌水次数和灌溉定额等指标。其中，冬小麦生育期灌溉情景设置见表2-7，夏玉米生育期灌溉情景设置见表2-8，W1、W2、…、W25为冬小麦模拟灌溉情景，C1、C2、…、C18为夏玉米模拟灌溉情景。

表2-7 冬小麦灌溉情景设置

降水频率/%	灌水情景	灌水次数	灌溉方式	灌水时间	亩均灌水量/m^3
50	W1	1	渠灌	3月15日	120
	W2	1	渠灌	3月15日	140
	W3	1	渠灌	3月15日	160
	W4	1	渠灌	3月15日	180
	W5	2	渠灌	3月15日	90
			渠灌	4月23日	90
62	W6	1	渠灌	3月15日	180
	W7	2	渠灌	3月15日	70
			渠灌	4月23日	70
	W8	2	渠灌	3月15日	80
			渠灌	4月23日	80
	W9	2	渠灌	3月15日	90
			渠灌	4月23日	90
	W10	2	渠灌	3月15日	100
			渠灌	4月23日	100
75	W11	1	渠灌	3月15日	180
	W12	2	渠灌	3月15日	90
			渠灌	4月23日	90
	W13	2	渠灌	3月15日	95
			渠灌	4月23日	95
	W14	2	渠灌	3月15日	100
			渠灌	4月23日	100
	W15	2	渠灌	3月15日	105
			渠灌	4月23日	105

续表 2-7

降水频率/%	灌水情景	灌水次数	灌溉方式	灌水时间	亩均灌水量/m³
80	W16	1	渠灌	3 月 15 日	180
	W17	2	渠灌	3 月 15 日	90
			渠灌	4 月 23 日	90
	W18	2	渠灌	3 月 15 日	100
			渠灌	4 月 23 日	100
	W19	2	渠灌	3 月 15 日	110
			渠灌	4 月 23 日	110
	W20	2	渠灌	3 月 15 日	120
			渠灌	4 月 23 日	120
90	W21	1	渠灌	3 月 15 日	180
	W22	2	渠灌	3 月 15 日	90
			渠灌	4 月 23 日	90
	W23	2	渠灌	3 月 15 日	110
			渠灌	4 月 23 日	110
	W24	2	渠灌	3 月 15 日	120
			渠灌	4 月 23 日	120
	W25	2	渠灌	3 月 15 日	140
			渠灌	4 月 23 日	140

表 2-8　夏玉米灌溉情景设置

降水频率/%	灌水情景	灌水次数	灌溉方式	灌水时间	亩均灌水量/m³
50	C1	0			
62	C2	0			
75	C3	0			
	C4	1	井灌	6 月 20 日	40
	C5	1	井灌	6 月 20 日	45
	C6	1	井灌	6 月 20 日	50
	C7	1	井灌	6 月 20 日	55
	C8	1	井灌	6 月 20 日	60

续表 2-8

降水频率/%	灌水情景	灌水次数	灌溉方式	灌水时间	亩均灌水量/m³
80	C9	1	井灌	6月20日	90
	C10	2	井灌	6月20日	35
			井灌	7月20日	35
	C11	2	井灌	6月20日	40
			井灌	7月20日	40
	C12	2	井灌	6月20日	45
			井灌	7月20日	45
	C13	2	井灌	6月20日	50
			井灌	7月20日	50
90	C14	1	井灌	6月20日	90
	C15	2	井灌	6月20日	45
			井灌	7月20日	45
	C16	2	井灌	6月20日	50
			井灌	7月20日	50
	C17	2	井灌	6月20日	55
			井灌	7月20日	55
	C18	2	井灌	6月20日	60
			井灌	7月20日	60

综上,冬小麦生育期内共设置了25个灌溉模拟情景,进行3次降水情景重复,因此2个典型地块冬小麦生育期共设置了150个情景;夏玉米生育期内共设置了18个灌溉模拟情景,进行3次降水情景重复,因此2个典型地块夏玉米生育期共设置了108个情景。共计258个模拟方案。

(3)初始条件设置。

石津灌区冬小麦生育期模拟时段为10月15日至翌年的6月13日,共242 d(闰年时为243 d),夏玉米生育期模拟时段为6月15日至10月12日,共120 d。用2019年2个典型地块10月的平均土壤体积含水率作为冬小麦生育期模型模拟的初始含水率,6月的平均土壤体积含水率作为夏玉米生育期模型模拟的初始含水率。以2019年2个典型地块实测叶面积指数和根系资料作为输入,对冬小麦和夏玉米全生育期的土壤水分运移过程进行数值模拟。

2.2.4 结果与分析

2.2.4.1 不同方案模拟结果

将258种方案模拟的各水分项结果采用式(2-13)进行计算,得出各种方案下的降水有效利用系数,结果如图2-9所示。

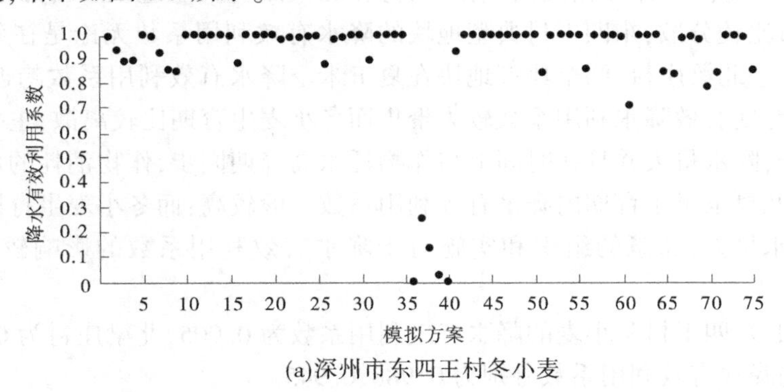

(a)深州市东四王村冬小麦

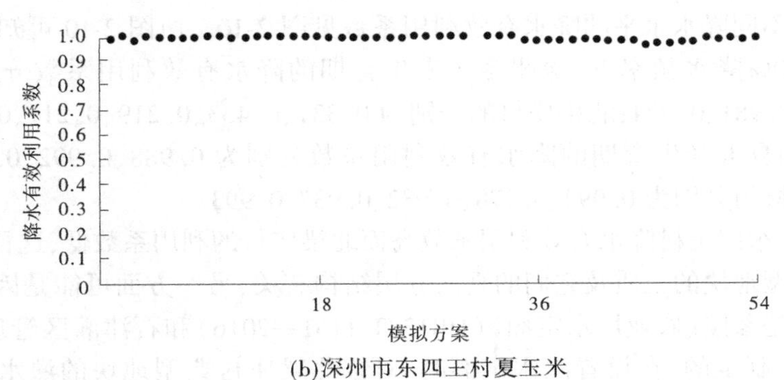

(b)深州市东四王村夏玉米

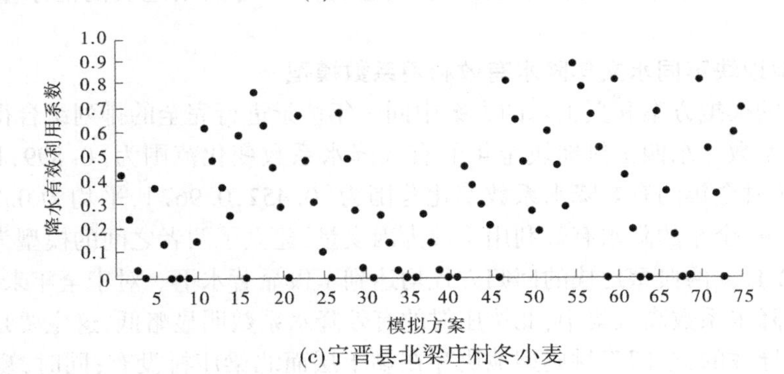

(c)宁晋县北梁庄村冬小麦

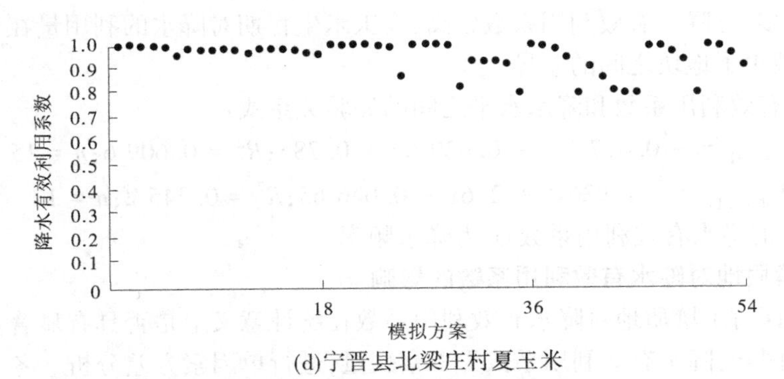

(d)宁晋县北梁庄村夏玉米

图2-9　不同模拟方案下典型地块降水有效利用系数

由图 2-9 可知,不同模拟情景下东四王村和北梁庄村典型地块在冬小麦季降水有效利用系数分布比较分散,东四王村典型地块的降水有效利用系数无论是在冬小麦季还是夏玉米季均大于北梁庄村,两个典型地块在夏玉米季降水有效利用系数趋近于 1,总体来看,夏玉米生育期有效降水利用系数较为聚集而冬小麦生育期比较离散,主要是夏玉米生育期雨热同季,降水量大并且在时间上与作物耗水高峰期同步,作物消耗的水分主要来自天然降水,因此夏玉米生育期内降水有效利用系数一般较高;而冬小麦生育期内降水相对较少,作物耗水量大,灌溉的组织和实施对于降水有效利用系数的影响较大,因此较为离散。

统计可知,东四王村冬小麦的降水有效利用系数为 0.905,北梁庄村为 0.317,两典型地块夏玉米的降水有效利用系数分别为 0.988、0.945。

分组统计不同降水水平的降水有效利用系数见图 2-10。由图 2-10 可知,50%、62%、75%、80%和 90%降水频率下,深州冬小麦生育期的降水有效利用系数分别为 0.957、0.980、0.683、0.981、0.924;北梁庄村的分别为 0.331、0.433、0.219、0.211、0.051;5 种降水频率下,深州夏玉米生育期的降水有效利用系数分别为 0.988、0.992、0.996、0.990、0.975,北梁庄村的分别为 0.994、0.978、0.982、0.937、0.993。

总体来看,东四王村降水有效利用系数高而北梁庄村的利用系数低,这种差异一方面可能与两个典型地块的土质及它们的垂向分层结构有关,另一方面可能是因为本研究的灌溉情景设置是参照《农业用水定额》(DB13/T 1161—2016)和石津灌区管理局的《春灌工作实施意见》制定的,在设置灌水定额时,对该北梁庄村典型地块的灌水量设置过大所致。

2.2.4.2　典型地块不同水文年降水有效利用系数模型

将冬小麦的模拟方案和夏玉米的方案中同一年情景进行完全的排列组合得到 540 个全年有效降水系数。东四王村地块全年的有效降水系数变化范围为[0.899,1],平均为 0.987。北梁庄村全年的有效降水系数变化范围为[0.452,0.967],平均为 0.773。以降水频率为自变量,全年的降水有效利用系数为因变量,建立了两者之间的模型为二次函数关系式,见图 2-11。两典型地块的回归方程均达到了极显著水平。对于全年来说,东四王村全年的有效降水系数高且集中,北梁庄村的有效降水系数明显略低,这主要是两典型地块的土质差异导致的,东四王村典型地块存在黏土层而北梁庄村没有;同时,夏玉米生育期的降水量较多,且降水有效利用系数较高,夏玉米生育期对降水的利用量在全年占有较大比例,从而减少了地块之间的差异。

全年降水有效利用系数和降水水平之间的经验关系式:

$$Y_{东四王村} = -0.4777x^2 + 0.6296x + 0.785;R^2 = 0.6096;n = 15 \tag{2-22}$$

$$Y_{北梁庄村} = -1.936x^2 + 2.6x - 0.04665;R^2 = 0.3452;n = 12 \tag{2-23}$$

式中:Y 为全年的降水有效利用系数;x 为降水频率。

2.2.4.3　土壤质地对降水有效利用系数的影响

为了深入探讨土壤质地对降水有效利用系数在统计意义上是否具有显著差异。以土壤质地为影响因素,降水有效利用系数为考察变量,进行单因素方差分析。冬小麦生育期土壤质地与降水有效利用系数的方差分析如图 2-12 所示,东四王村典型地块降水有效利

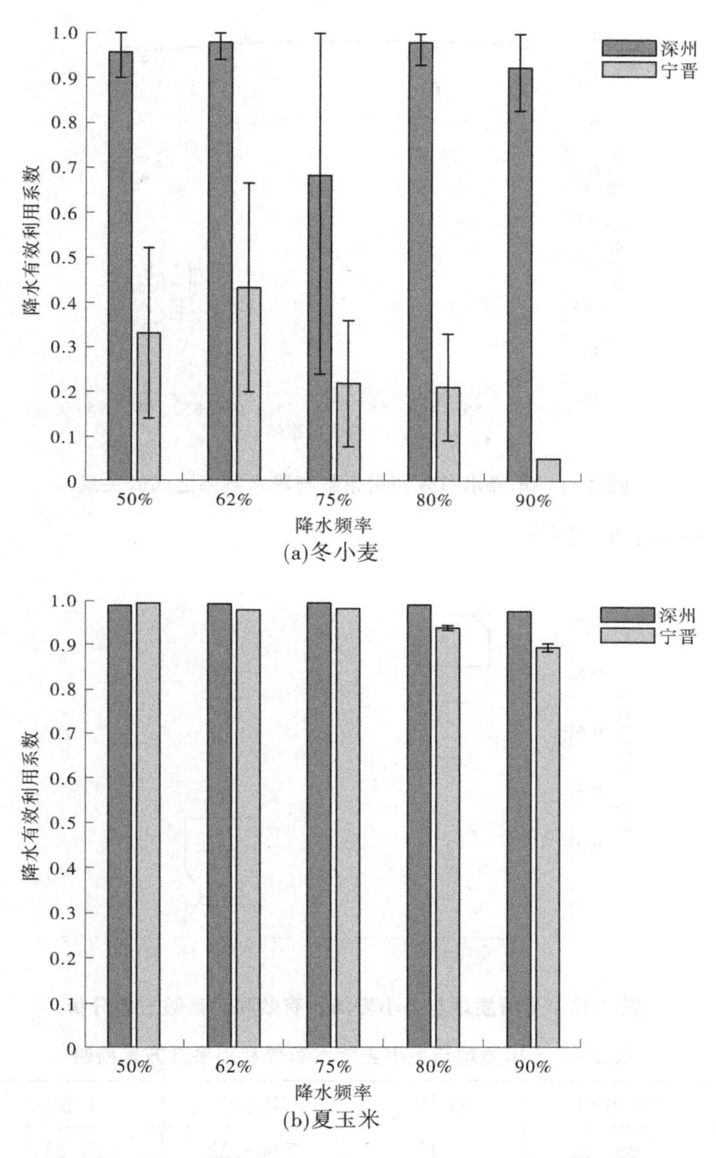

图 2-10　不同降水频率下典型地块各生育阶段降水有效利用系数

用系数区间为[0.51,1.00],北梁庄村典型地块降水有效利用系数区间为[0,0.71],北梁庄村典型地块降水有效利用系数的离散性大于东四王村。由表 2-9 可知,p 值为 $1.05\times10^{-9}<0.05$,因此可认为东四王村和北梁庄村典型地块土壤质地的不同对降水有效利用系数存在极显著影响。东四王村的降水有效利用系数高而北梁庄村的低,分析它们土壤垂向结构分层可以发现,东四王村典型地块在 90~100 cm 处存在一层偏黏的土壤,该层土壤在降水转换为土壤水后减缓了其在垂向上的运移速度,让土壤水分在 0~90 cm 的土层内保存更长的时间,同时小麦根系也主要分布于此,有利于小麦对土壤水分的吸收利用,因此这层黏土从一个方面提高了降水有效利用系数;另一方面合理的灌溉管理也是提高

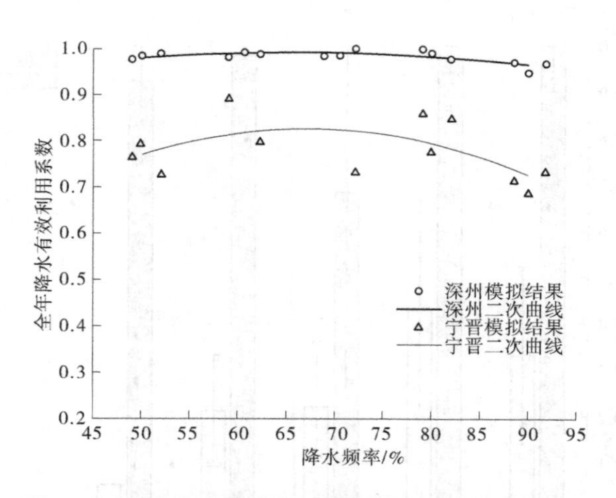

图 2-11　年降水有效利用系数与降水频率之间的关系

降水有效利用系数的重要因素。

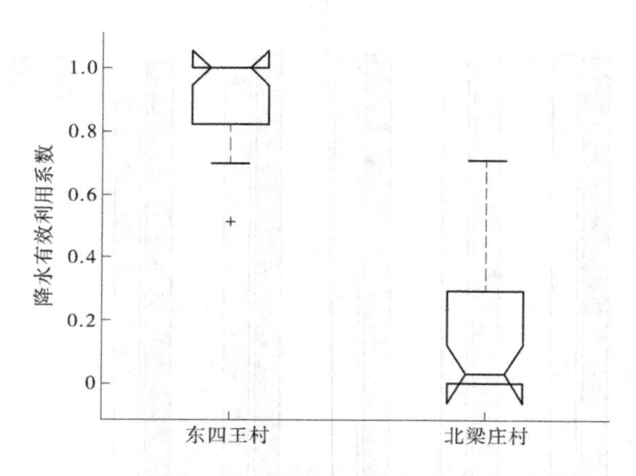

图 2-12　土壤质地与冬小麦降水有效利用系数方差分析

表 2-9　土壤质地与冬小麦降水有效利用系数方差检验

来源	平方和	自由度	均方差	*C* 值	*p* 值(*F*)
组间	7 663.22	1	7 663.22	37.23	1.05×10^{-9}
组内	2 423.78	48	50.5		
总计	10 087	49			

夏玉米生育期内土壤质地与降水有效利用系数的方差分析如图 2-13 所示，东四王村典型地块降水有效利用系数区间为[0.98,1.00]，北梁庄村典型地块降水有效利用系数区间为[0.76,1.00]，可知北梁庄村典型地块降水有效利用系数的离散性大于东四王村典型地块。由表 2-10 可知，p 值为 1.19×10^{-5}，小于给定的显著性水平 0.05，因此东四王村和北梁庄村典型地块土壤质地的差异对降水有效利用系数存在极显著影响。与冬小麦

生育期一样,东四王村的降水有效利用系数高于北梁庄村,主要受其黏土层的影响,夏玉米生育期雨热同季,降水量大并且在时间上和作物耗水高峰期同步,使它们之间的差异不像冬小麦明显。

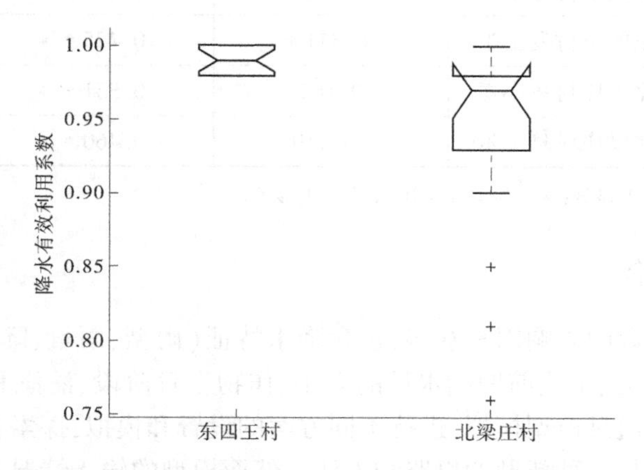

图 2-13　土壤质地与夏玉米降水有效利用系数方差分析

表 2-10　土壤质地与夏玉米降水有效利用系数方差检验

来源	平方和	自由度	均方差	C 值	p 值(F)
组间	2 040. 03	1	2 040. 03	19. 18	1.19×10^{-5}
组内	1 682. 47	34	49. 48		
总计	3 722. 5	35			

2. 2. 4. 4　降水有效利用系数与其他因素相关性分析

降水有效利用系数的影响因素较多,除土壤质地外,降水条件、灌溉管理等对其也有重要影响,本研究仅对灌水次数、灌水量和不同频率降水量等因素对其影响的相关性进行分析。由表 2-11 可知,在东四王村冬小麦季,灌水次数、降水量对降水有效利用系数呈现弱相关关系,灌水量对其呈现负弱相关关系,因此增加灌水次数和减少灌水量对提高降水有效利用系数影响不大。在东四王村夏玉米季,灌水次数对降水有效利用系数呈现 0. 05 水平的显著负相关;灌水量、降水量对降水有效利用系数分别呈现 0. 01 水平的负显著相关、正显著相关。因此,在夏玉米季减少灌水次数和灌水量有利于提高降水有效利用系数。

对于北梁庄村冬小麦季,灌水次数对降水有效利用系数呈弱相关,灌水量和降水量对降水有效利用系数分别呈 0. 01 水平的负显著相关和正显著相关,表明减少灌水量有利于提高降水有效利用率。对于北梁庄村夏玉米,灌水次数、降水量对降水量有效利用系数分别呈负弱相关、正弱相关,灌水量对降水量有效利用系数呈 0. 01 水平的负显著相关。因此,和冬小麦生育期一样,减少夏玉米季的灌水量有利于提高降水有效利用率。

表 2-11　不同变量与降水有效利用系数的相关系数

因变量	类型	灌水次数	灌水量	降水量
降水有效利用系数	东四王村冬小麦	0.083	-0.061	0.124
	东四王村夏玉米	-0.311 *	-0.425 * *	0.576 * *
	北梁庄村冬小麦	0.162	-0.551 * *	0.625 * *
	北梁庄村夏玉米	-0.119	-0.460 * *	0.180

注：* 相关性在 0.05 水平上显著；* * 相关性在 0.01 水平上显著。

2.2.5　讨论和结论

降水有效利用系数的影响因素众多，包含降水特征（雨型、雨量、降雨强度、降水时间分布等）、土壤渗透能力、土壤前期储水量的大小、作物生育阶段、灌溉和蒸发等。本研究在试验观测的基础上通过模型模拟，进行不同方案的设置和模拟，探索各因素对降水有效利用系数的影响规律是一种新颖的思路和方法。然而模型的输入情况和实际会存在一定的偏差，因此需要进一步深入研究。

本研究的结论主要如下：

（1）构建的北梁庄村和东四王村 2 个典型地块 Hydrus1D 模型，模型参数率定和模拟结果验证表明，总体上分层土壤含水率观测值与模拟值吻合较好，率定和验证后的 Hydrus 模型可以用于田间有效降水利用系数的模拟研究。

（2）典型地块土壤质地的不同对降水有效利用系数存在极显著影响，降水的水文频率和降水有效利用系数之间呈二次抛物线关系，一般情况下减少灌溉量有利于降水有效利用系数的提高。

参考文献

白芳芳，乔冬梅，庞颖，等，2017. 河南省冬小麦各生育期水分亏缺的空间分布及降水量突变检验[J]. 灌溉排水学报，36(6)：100-108.

陈俊克，缴锡云，庄杨，等，2017. 次降雨有效降雨量的影响因素及其估算模型[J]. 灌溉排水学报，36(4)：15-20.

郭元裕，1986. 农田水利学[M]. 2 版. 北京：水利电力出版社.

郝芝建，范兴科，吴普特，等，2008. 喷灌条件下夏玉米冠层对水量截留试验研究[J]. 灌溉排水学报(1)：25-27.

胡玮，严昌荣，李迎春，等，2013. 冀京津冬小麦灌溉需水量时空变化特征[J]. 中国农业气象，34(6)：648-654.

姬兴杰，成林，朱业玉，等，2014. 河南省冬小麦需水量和缺水量的时空格局[J]. 生态学杂志，33(12)：3268-3277.

吉中礼，1985. 干旱半干旱地区的有效雨量及其确定方法(综述)[J]. 干旱地区农业研究(1)：100-107.

金菊良，原晨阳，蒋尚明，等，2013. 基于水量供需平衡分析的江淮丘陵区塘坝灌区抗旱能力评价[J]. 水利学报，44(5)：534-541.

李远华，1999. 节水灌溉理论与技术[M]. 武汉：武汉水利电力大学出版社.

刘钰,Pereira L S,2000. 对FAO推荐的作物系数计算方法的验证[J]. 农业工程学报,5:26-30.
刘钰,汪林,倪广恒,等,2009. 中国主要作物灌溉需水量空间分布特征[J]. 农业工程学报,25(12):6-12.
庞艳梅,陈超,潘学标,2015. 1961—2010年四川盆地玉米有效降水和需水量的变化特征[J]. 农业工程学报,31(增刊):133-141.
任庆福,翁白莎,裴宏伟,等,2016. 石津灌区冬小麦关键生育期逐时降水的变化特征[J]. 西北农林科技大学学报(自然科学版),44(9):92-104.
沈彦军,李红军,雷玉平,2013. 太行山前平原冬小麦生育期干旱分析:以保定市为例[J]. 干旱地区农业研究,31(3):222-226,233.
水利部国际合作司. 美国国家灌溉工程手册[M]. 北京:中国水利水电出版社, 1998.
宋同, 蔡焕杰, 徐家屯,2017. 泾惠渠灌区冬小麦夏玉米连作需水量及灌水模式研究[J]. 灌溉排水学报,36(1):52-56,88.
宋文龙,杨胜天,路京选,等,2014. 黄河中游大尺度植被冠层截留降水模拟与分析[J]. 地理学报,69(1):80-89.
王白陆,2005. SCS产流模型的改进[J]. 人民黄河(5):24-26.
徐凤琴,2009. 有效降水量浅析[J]. 气象水文海洋仪器,26(1):96-100.
张改英,2014. 基于SCS-CN方法的水文过程计算模型研究[D]. 南京:南京师范大学.
张志宇,郄志红,吴鑫淼,2013. 冬小麦-夏玉米轮作体系灌溉制度多目标优化模型[J]. 农业工程学报,29(16):102-111.
赵而雯,吉喜斌,2010. 基于FAO-56双作物系数法估算农田作物蒸腾和土壤蒸发研究:以西北干旱区黑河流域中游绿洲农田为例[J]. 中国农业科学,43(19): 4016-4026.
赵永,2005. 作物需水量计算方法比较与非充分灌溉预报研究[D]. 杨凌:西北农林科技大学.
Allen R G, Pereira L S, Raes D, et al. ,1998. Crop evapotranspiration-Guidelines for computing crop water requirements-FAO Irrigation and drainage paper 56[J]. Fao,Rome,300(9): D05109.
Allen R G, Smith M, Perrier A, et al. ,1994. An update for the definition of reference evapotranspiration[J]. ICID bulletin,43(2): 1-34.
Feddes R A, P J Kowalik, H Zaradny,1978. Simulation of field water use and crop yield[M]. New York:John Wiley & Sons.

第 3 章　种植结构遥感提取方法应用

种植结构是区域作物类型、品种、面积和种植模式等多项农业基础信息的综合,是农业和灌溉用水管理的重要依据。本章将 ESATRFM 融合算法应用到研究区域,构建高时空地表数据集,结合地面实体作物 NDVI 变化曲线、决策树分类、ISODATA 非监督分类方法、光谱耦合技术以及 Google Earth 工具实现新疆阿拉沟灌区、内蒙古河套灌区种植结构的提取。

3.1　基于 Sentinel-2 破碎化地块灌区作物种植结构的提取

3.1.1　研究区概况

阿拉沟灌区位于新疆吐鲁番盆地托克逊县,为自流引水大型灌区,设计灌溉面积 25 440 hm^2,涉及博斯坦镇、托克逊镇、夏镇、郭勒布依乡、伊拉湖镇和阿乐惠镇 6 个乡镇,如图 3-1 所示。灌区属典型的大陆性暖温带荒漠气候,多年平均降水量 6.4 mm,且主要集中在夏季,年蒸发量 3 744 mm,年平均气温 13.8 ℃,年平均日照时间 3 043~3 224 h,非常适合喜温作物生长(赵鹏博 等,2020)。阿拉沟灌区属于典型的绿洲灌溉农业区,地块破碎化较为严重,以经济作物为主且种类丰富,其中葡萄、玉米、高粱、棉花、蔬菜、瓜果等种植面积较大。

3.1.2　研究方法与数据来源

3.1.2.1　**数据来源**

1. 影像数据

影像数据为 2021 年 1—10 月共 31 景 Sentinel-2 影像,下载于欧州太空局官网(欧空局)。Sentinel-2 是欧空局“全球环境与安全监测”计划发射的卫星,Sentinel-2 系列卫星是高分辨率多光谱成像卫星,携带了多光谱成像仪(multispectral imager,MSI),飞行高度 786 km,覆盖 13 个光谱波段,幅宽达 290 km。地面分辨率分别为 10 m、20 m 和 60 m,一颗卫星重访周期 10 d,两颗卫星(2A 和 2B)互补,重访周期 5 d。

本研究采用的 Sentinel-2 影像拍摄时间、传感器类型和云覆盖率见表 3-1,该影像是 UTM/WGS84 投影下的 100 km×100 km 正射影像,其 L1C 级产品为经过正射校正和几何精校正的大气表观反射率产品,并没有进行大气校正,因此本书利用欧空局提供的 Sen2cor 插件对该产品进行大气校正和辐射定标。经处理后 L2A 产品包含经过大气校正的大气底层反射率数据,主要使用其蓝、绿、红以及近红外 4 个波段,其中蓝、绿、红波段合成真彩色影像用来检查研究区云的覆盖程度,红与近红外波段用来合成归一化植被指数(normalized difference vegetation index, NDVI)影像(李中元 等,2019)。由表 3-1 可知,在

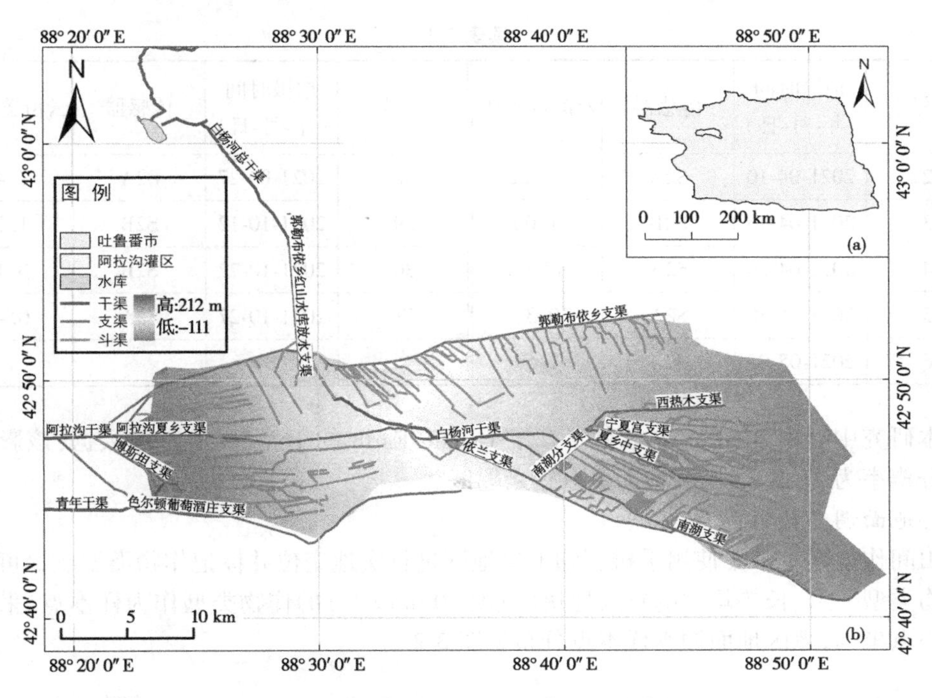

(a)灌区在吐鲁番位置;(b)灌区渠系分布

图 3-1 阿拉沟灌区位置

31 景影像中,单景云覆盖率小于 20%,其中 2021 年 1 月 20 日、6 月 4 日云覆盖率稍大,分别为 17.63%和 15.14%,26 景影像云覆盖率均在 10%以下。单景影像覆盖整个灌区,裁剪后的灌区部分均为晴空状态,遥感影像质量满足作物分类需要。

表 3-1 哨兵 2 号遥感影像信息

序号	拍摄时间(年-月-日)	传感器	云覆盖率/%	序号	拍摄时间(年-月-日)	传感器	云覆盖率/%
1	2021-01-05	S2B	9.29	17	2021-05-20	S2A	0.42
2	2021-01-10	S2A	4.58	18	2021-05-25	S2B	0
3	2021-01-15	S2B	5.23	19	2021-06-04	S2B	15.14
4	2021-01-20	S2A	17.63	20	2021-06-24	S2B	0
5	2021-01-25	S2B	4.38	21	2021-06-29	S2A	0.49
6	2021-01-30	S2A	0.34	22	2021-07-04	S2B	0
7	2021-02-19	S2A	2.01	23	2021-07-24	S2B	0.26
8	2021-03-01	S2A	5.50	24	2021-08-18	S2A	4.58
9	2021-03-21	S2A	9.93	25	2021-08-23	S2B	0.19
10	2021-03-31	S2A	6.53	26	2021-09-07	S2A	0.22
11	2021-04-05	S2B	9.07	27	2021-09-12	S2B	10.33

续表 3-1

序号	拍摄时间(年-月-日)	传感器	云覆盖率/%	序号	拍摄时间(年-月-日)	传感器	云覆盖率/%
12	2021-04-10	S2A	13.22	28	2021-09-27	S2A	2.44
13	2021-04-15	S2B	1.06	29	2021-10-12	S2B	1.77
14	2021-04-20	S2A	12.08	30	2021-10-22	S2B	0.17
15	2021-04-30	S2A	0.33	31	2021-10-27	S2A	0.49
16	2021-05-05	S2B	1.69				

本研究中利用 BIGEMAP 软件下载了 Google Earth 的 16 级高清影像数据,该影像的像元分辨率为 2.39 m,用于辅助提取感兴趣区。

2. 地面调查数据

田间作物样本采集使用手机新知卫星地图进行实地定位并标记作物类型。尽可能选择作物类型一致、长势均匀的较大地块(宽度 10 m 以上)的作物类型作为样本点,采集地块中心点坐标,灌区地面调查样本点分布见图 3-2。

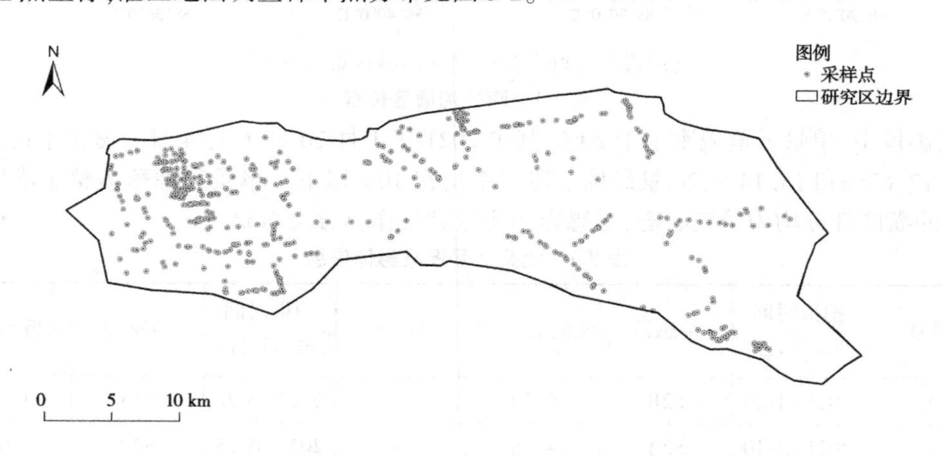

图 3-2 灌区样本点分布

根据采样结果,整理 10 类样本为复播(瓜类复播玉米或高粱)、林果(主要包括枣树、杏树和桃树等乔木类林果)、葡萄、棉花、蔬菜、设施农业、裸地-村庄、水体、草场、其他(主要为未包含到以上地物类别中的,包括地块边缘较窄的道路,小片苜蓿、孜然、正播玉米、花生、芝麻、墓地及晒场等),共计 588 个样本,对 10 类样本进行可分离度检验,属合格样本。为了对分类结果进行精度验证和评价,将数量较多的 5 类样本(复播、棉花、林果、葡萄和裸地-村庄)拆分为训练样本和验证样本(由于其余 5 类样本数量相对较少,故不进行拆分),随机选取训练样本,采用训练样本作为掩膜提取验证样本,使训练样本和验证样本相互独立,拆分后的 5 类主要样本数量见表 3-2。

表 3-2 训练样本和验证样本

样本类型	复播	棉花	林果	葡萄	裸地-村庄
训练样本/个	75	17	70	20	75
验证样本/个	70	15	65	18	66

3.1.2.2 研究方法

决策树分类主要基于遥感影像等空间数据，通过对其进行逻辑推理、数理统计、综合分析和归纳总结，采用自上而下的递归方式，形成分类规则进行分类。决策树分类采用一种二分递归分割技术，将当前样本集分为两个子样本集，使得生成的每个非叶子节点都有两个分支。决策树分类一般基于基尼系数不停地二分，且一个特征可能会参与多次节点的建立（谢鑫 等，2022）。实现面向对象决策树分类包括分类对象识别、决策树规则建立、规则输入、运行和精度评价 5 个步骤，其中最关键环节是分类对象识别和决策树规则建立。决策树规则建立有多种方法，如专家经验总结、传统统计方法等（王利军 等，2018；张旭东 等，2014）。

阿拉沟灌区地块破碎化程度高、作物类型复杂，针对这些特点，利用不同作物生长的物候特征，或不同时期的特征参数之间的差异，通过适宜的分类规则和阈值设定，进行作物类型识别，因此采用决策树进行分类。主要过程为采用多时相的 Sentinel-2 遥感影像构建 NDVI 时序数据集，根据实地调查作物分布及结构结合目视解译选取分类样本，分析各类样本的 NDVI 特征及阈值，结合作物关键期物候特征和解译人员对地物识别经验制定决策树规则，根据建立的规则对遥感影像进行分类和精度评价，其流程见图 3-3。

1. 遥感影像预处理

Sentinel-2 的 L1C 文件经 Sen2cor 大气校正处理为 L2A 文件，将 L2A 文件通过 SNAP 重采样为 ENVI 格式，重采样分辨率设置为 10 m，经过 ENVI 裁剪、波段合成和波段运算以备后用。

2. 样本点转换 ROI

由于采集的样本为点矢量，为了能够统计和提取各类样本在地块上的特征，基于 Google Earth 的 16 级影像，将作物样本点展布其上，根据地块大小和纹理信息绘制感兴趣区（region of interest，ROI），将样本的点矢量转换为面矢量，如图 3-4 所示。

3. NDVI 计算

NDVI 可用于检测植被生长状态、植被覆盖度和提取物候信息等，是目前应用最广泛的植被指数（贾云飞 等，2022；孔冬冬 等，2017），其计算公式如下：

$$\mathrm{NDVI} = (R_{\mathrm{Nir}} - R_{\mathrm{Red}})/(R_{\mathrm{Nir}} + R_{\mathrm{Red}}) \tag{3-1}$$

式中：R_{Nir} 和 R_{Red} 分别为近红外波段的反射值与红光波段的反射值。

NDVI 值介于-1 和 1 之间，负值表示地面覆盖为云、水、雪等；当 R_{Nir} 和 R_{Red} 近似相等时，NDVI 近似于 0，表示有岩石或裸土等；NDVI 为正值，表示有植被覆盖，且随覆盖度增大而增大。

4. 分类精度评价方法

混淆矩阵是分类精度评价的一种常用方法，用 n 行 n 列的矩阵形式来表示，n 为验证

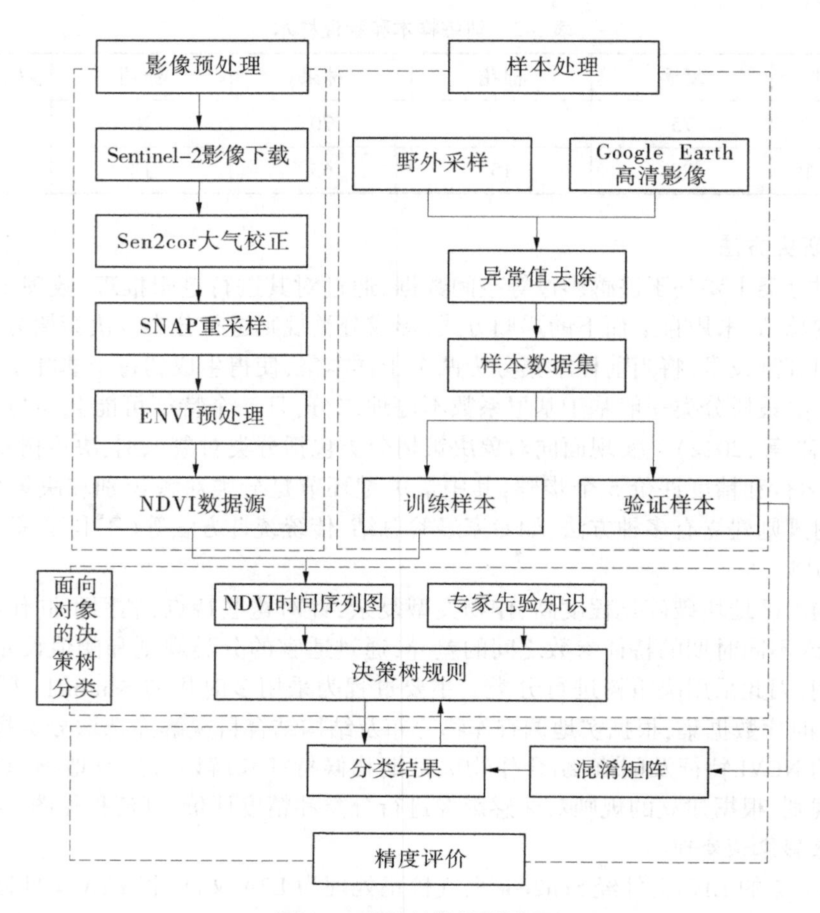

图 3-3　种植结构识别流程

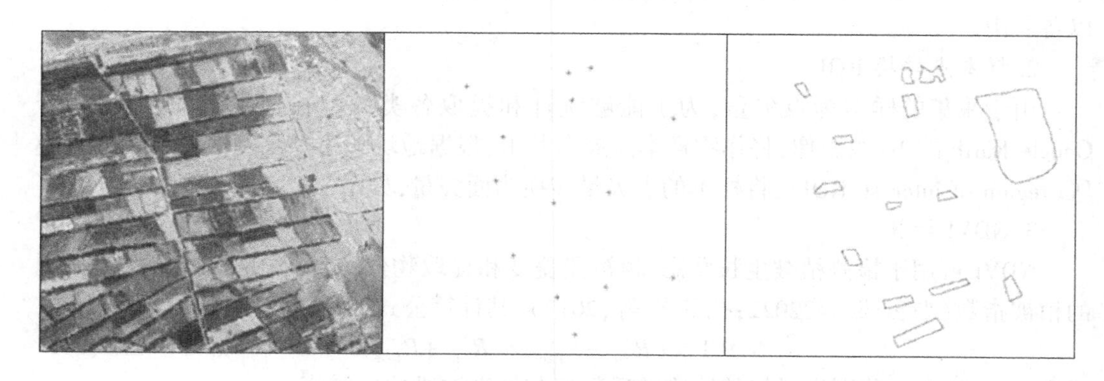

图 3-4　基于样本点的感兴趣区

样本的种类,列表示真实值,行表示预测值。本书采用的评价指标为总体精度(overall accuracy,OA)和 Kappa 系数(汪小钦 等,2019)。

总体分类精度表征分类的整体准确率,即分类的结果与参考数据所对应区域的实际类型相一致的概率,计算公式如下:

$$OA = \sum_{i=1}^{n} X_{ii}/N \tag{3-2}$$

式中：N 为样本点总数；X_{ii} 为被分到正确类别的样本数。

Kappa 系数表征分类结果的可信度，用来评定生产者精度和用户精度的稳定性，计算公式如下：

$$\text{Kappa} = \frac{N\sum_{i=1}^{n} X_{ii} - \sum_{i=1}^{n}(X_{i+}X_{+i})}{N^2 - \sum_{i=1}^{n}(X_{i+}X_{+i})} \tag{3-3}$$

式中：X_{i+} 和 X_{+i} 分别为第 i 行和第 i 列的总样本数量。

3.1.3　结果与分析

3.1.3.1　NDVI 时序特征分析及决策树构建

将裁剪好的灌区 31 个时相的 NDVI 波段合成得到一个 NDVI 时间序列数据集。采用 ENVI 对 10 类样本 ROI 不同时相的 NDVI 平均值和均方差进行统计，并绘制 NDVI 时序变化图，如图 3-5 所示。

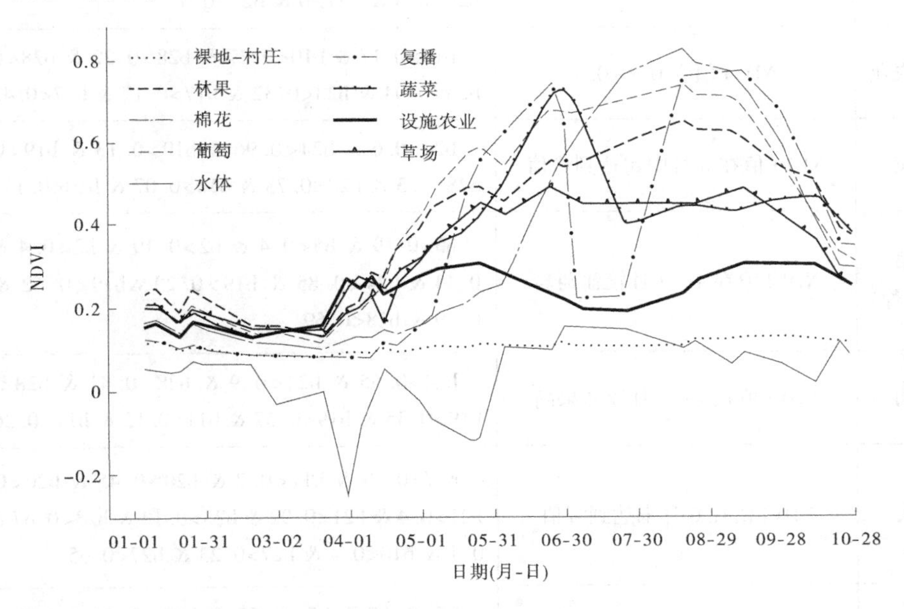

图 3-5　各类样本 NDVI 时序曲线变化

由图 3-5 可知，各类样本 NDVI 时序变化特征比较明显。其中，复播 NDVI 时间序列图呈“双峰”特征，在 2021 年 6 月 24 日达到第一个峰值(0.731 3)，在 2021 年 9 月 7 日达到第二个峰值(0.778 3)，而 7 月 4—19 日 NDVI 值均在 0.22 以下；裸地-村庄 NDVI 值全年均在 0~0.2；设施农业 NDVI 值在 0.2~0.3 且呈“单谷”特征，在 5 月 25 日和 9 月 17 日超过了 0.3，而 7 月 4 日至 8 月 8 日则小于 0.2；棉花 NDVI 值呈明显“单峰”曲线，在 8 月 13 日达到峰值(0.830 6)；林果(含套种)和葡萄的 NDVI 动态变化整体趋势比较相似，在

3 月 16 日以后 NDVI 迅速上升，且在作物生长季 NDVI 有波动，可能是因为林果和葡萄在生长季节生长旺盛，田间管理中存在对树形和枝叶修剪情况，但它们之间仍然存在区别，林果 NDVI 值在 1—3 月较葡萄高，葡萄 NDVI 值 4—8 月较林果高；蔬菜 NDVI 值在 6 月末达到峰值(0. 717 4)，生长后期在 0. 43 左右波动；草场 NDVI 值在 0. 25～0. 6；此外，水体 NDVI 值小于 0；其他未分类数据为未包含到以上地物类别中的地表类型，包括地块边缘较窄的道路，苜蓿、孜然、玉米、花生、芝麻、墓地和晒场等。

根据灌区主要作物关键期物候和 NDVI 时间序列变化特征，对主要特征时段 NDVI 建立决策树分类规则见表 3-3。

表 3-3　决策树规则

地物类型	NDVI 特征	决策树分类规则
复播	NDVI 时间序列图为“双峰”	b10<0. 2 & b11<0. 2 & (b20>0. 5|b19 & 0. 5|b17 & 0. 5)&(b23<0. 4|b22<0. 4|b24<0. 4) & (b27>0. 5|b28>0. 5)
裸地-村庄	NDVI 值在 0～0. 2	b10>0 & b10<0. 3 & b11>0 & b11<0. 3 & b20>0 & b20<0. 3 & b27>0 & b27<0. 3
设施农业	NDVI 值在 0. 2～0. 3	b10>0. 17 & b10<0. 37 & b28>0. 22 & b28<0. 39 & b23>0. 04 & b23<0. 32 & b17>0. 17 & b17<0. 42
棉花	NDVI 值在 8 月中旬达到峰值	b24>0. 6 & b24<0. 96 & b19>0. 13 & b19<0. 45 & b28>0. 3 & b28<0. 73 & b10>0. 07 & b10<0. 17
林果(含套种)	NDVI 值在 1—3 月较葡萄高	b5>0. 19 & b5<0. 4 & b2>0. 19 & b2<0. 4 & b24>0. 44 & b24<0. 85 & b19>0. 29 &b19<0. 62 & b28>0. 39 & b28<0. 69
葡萄	NDVI 值在 4—8 月较林果高	b24>0. 55 & b24<0. 9 & b28>0. 41 & b28<0. 7 & b19>0. 35 & b19<0. 67 & b11>0. 12 & b11<0. 26
蔬菜	NDVI 值在 6 月末达到峰值	b17>0. 14 & b17<0. 7 & b20>0. 45 & b20<0. 89 & b21>0. 4 & b21<0. 92 & b23>0. 13 & b23<0. 67 & b10>0. 1 & b10<0. 4 & b27>0. 23 & b27<0. 65
草场	NDVI 值在 0. 25～0. 6	b5>0. 15 & b5<0. 25 & b17>0. 22 & b17<0. 6 & b20>0. 3 & b20<0. 6 & b27>0. 33 & b27<0. 6
水体	NDVI 值小于 0	b10< 0 & b11<0 & b20<0 & b27<0& b17<0 & b5<0

注：其中 b1、b2、…、b28 分别表示 28 个时相的 NDVI 值，序号与表 3-1 中的序号相同。& 表示和运算，| 表示与运算。

3. 1. 3. 2　主要作物种植面积提取

分类结果表明，灌区作物总播种面积 33 247 hm^2，其中棉花 4 913 hm^2、复播 2 460 hm^2(瓜类与玉米、高粱复种)、林果 6 687 hm^2(含套种)、葡萄 1 953 hm^2、蔬菜 1 627 hm^2、草场

2 620 hm^2、设施农业1 760 hm^2、其他面积11 227 hm^2(包括油料、苜蓿、孜然、正播玉米等);同时,结果显示灌区范围内的村庄-裸地14 187 hm^2、水体373 hm^2(包括永久和临时性水体)。10 m分辨率灌区主要作物分布如附图1所示。

基于感兴趣区的验证得到总体分类精度为81.56%,Kappa系数为0.716 6,由图3-6混淆矩阵热力图可知,主对角线的精度较高,村庄-裸地正确分类达到了99.78%,其次是棉花76.63%,但是林果和葡萄容易错分,这是因为它们的NDVI曲线比较接近,区别特征不明显导致;另外,有较多的复播类别错分为棉花,说明在决策树构建时,棉花的规则为相对较松而复播的规则比较紧。

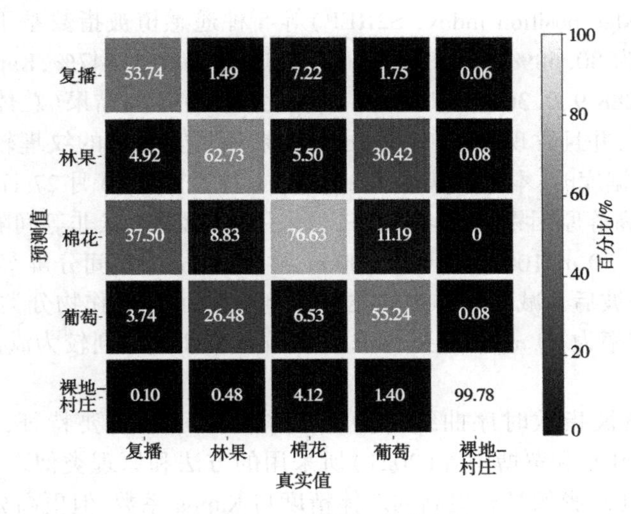

图3-6　混淆矩阵热力图

由表3-4遥感分类结果与灌区年初灌溉用水计划统计数据对比可知,棉花、复播、草场3类面积两者基本一致,葡萄、蔬菜的遥感结果比统计分别多620 hm^2、627 hm^2。与统计结果相差比较大的是"其他"类别,遥感提取比统计多5 627 hm^2,主要原因为两者统计口径不完全一致。本研究中将灌区范围内除复播、棉花、林果、葡萄、蔬菜、人工草场、裸地-村庄、设施农业、水体外的土地面积全部归为其他,包括了线状道路、渠道和部分不能够归类的苜蓿、孜然、玉米、花生、芝麻等小宗作物,因此遥感提取所得的"其他"明显大于统计。

表3-4　灌区主要作物遥感提取结果和统计面积对比

类别/hm^2	复播	棉花	林果	葡萄	蔬菜	草场	其他
遥感提取	2 460	4 913	6 687	1 953	1 627	2 620	11 227
统计	2 667	5 067	4 667	1 333	1 000	2 333	5 600
绝对误差	−207	−154	2 020	620	627	287	5 627

为进一步检验该方法的可靠性,参考托克逊县"全国第三次国土调查"成果和灌区范围内的水浇地面积为32 693 hm^2。鉴于阿拉沟灌区多年平均降水量只有6.4 mm,作物生长必须依靠灌溉,且灌区内无水田,因此灌区作物种植面积可认定为灌区范围内的水浇地

面积,遥感提取的作物分布面积为33 246 hm^2,比“全国第三次国土调查”水浇地面积略大1.02%,说明该方法在提取破碎化地块作物种植结构方面具有较好的可靠性。

3.1.4 讨论与结论

为探究Sentinel-2遥感影像对于破碎化地块灌区复杂作物类型提取的适用性,本研究尝试了包括增强型植被指数(enhanced vegetation index, EVI)、陆表水分指数(land surface water index,LSWI)、绿度归一化植被指数(green normalized difference vegetation index, GNDVI)、红边拐点指数(red-edge inflection point index, REIP)、Sentinel-2红边位置指数(sentinel-2 red-edge position index, S2REP)等5种遥感植被指数基于监督分类的效果,其总体精度分别为80.68%、42.08%、41.37%、52.09%和51.47%,Kappa系数分别为0.672 6、0.300 4、0.288 9、0.361 8和0.356 0,均劣于NDVI的结果(总体精度81.56%,Kappa系数0.716 6),并且发现基于NDVI分类效果和真实地块的纹理较为符合。在构建NDVI时间序列数据库时,本书共获得了2021年1月5日至10月27日的59景时相遥感数据,由于质量不高等原因剔除了47.46%,仅采用了剩余31景非等间隔时相数据。张馨予等(2022)分析了30 m、100 m、250 m、500 m和1 000 m的空间分辨率,发现中高分辨率的影像经过时间滤波后会减小农作物的类内差异性,进而导致作物分类精度下降,本书采用的影像空间分辨率为10 m,没有进行滤波或插值处理仍得到较为满意的精度,进一步印证了该结论。

本研究中采用植被指数时序曲线作为区分作物类别的主要特征,这与张荣群等(2015)、汪小钦等(2019)和贾博中等(2021)所采用的方法和原理类似。总体来看,采用高分辨率Sentinel-2遥感影像具有更高的总体精度与Kappa系数,但更高分辨率则意味着较大的遥感影像存储空间和处理时间,因此针对区域多个灌区大面积作物种植结构提取,如何在满足精度的前提下减少存储和计算成本需要进一步探讨。

基于遥感数据的决策树作物分类方法具有建立分类规则灵活、分类速度快的优点。其分类结果的准确性取决于决策树的分类规则,而规则来源于分类样本的特征及其可分性,它同时具备客观因素和主观因素,该方法的不足之处在于当面对范围较大且复杂的研究区域时,受作物物候期年际变化的影响,决策树规则不易固定并进行业务化分类。因此,对于地块破碎化严重、作物种类随机的灌区,需规范田间采样步骤和流程,积累并形成不同作物的标准样本库,提高作物分类精度;同时,平衡构建分类规则过程中的主客观因素以及探索相同规则的适用范围仍需深入研究。

主要结论如下:

(1)以Sentinel-2遥感影像数据为基础提取灌区种植结构分布图地块纹理清晰,可满足灌区用水管理的需求,为破碎化地块灌区作物种植结构提取提供了可行性。

(2)基于Sentinel-2卫星的多时相影像数据,结合作物关键物候期特征和NDVI时序特征构建决策树分类模型,分类总体精度达81.56%,Kappa系数达0.716 6;遥感分类结果与灌区统计结果和“全国第三次国土调查”数据吻合度较高,提取精度满足灌区用水管理需求。

3.2　基于数据融合的河套灌区灌域作物种植结构提取

本节将 ESATRFM 融合算法应用到研究区域，构建高时空地表数据集，结合地面实体作物 NDVI 变化曲线、ISODATA 非监督分类方法、光谱耦合技术以及 Google Earth 工具实现河套灌区解放闸灌域多年种植结构的提取。

3.2.1　研究区概况

以河套灌区解放闸灌域为研究对象（见图 3-7）。解放闸灌域（106°43′E～107°27′E，40°34′N～41°14′N）为河套灌区第二大灌域，地处干旱半干旱内陆地区，海拔高程在 1 030～1 046 m，年平均降雨量 151 mm，年均蒸发量（20 cm 蒸发皿）达 2 300 mm，年内平均气温 9 ℃。灌域总土地面积约 2 345 km^2，其中 60%以上为耕地，土壤类型为潮灌淤土和盐化土，粮食作物以夏玉米和春小麦为主，经济作物以向日葵为主（荏伟伟，2014）。

图 3-7　解放闸灌域及种植结构调查路线

3.2.2　研究方法与数据来源

3.2.2.1　遥感影像

采用的 Landsat 7 ETM+和 MOD09GA 产品数据来源于 USGS 官网，空间分辨率分别为 30 m 和 500 m，数据年际跨度为 2000—2015 年，年内跨度为 4—10 月。影像经筛选为晴空或少量云覆盖，数据清单见表 3-5。Landsat 7 ETM+影像经过辐射校正、大气校正、条带修复、镶嵌和裁剪，并利用手持 GPS 采集的地面控制点统一进行几何精校正，误差控制在半个像元以内。MOD09GA 标准陆地产品已经过辐射、大气和几何校正,通过 MRT 工具重投影到 WGS84/UTM(北 48 区)坐标系统,空间分辨率重采样到 30 m,与 Landsat 7 ETM+相同。

表 3-5　遥感影像资料清单

年份	产品日序	
	Landsat 7 编号(129031/129032)	MOD09GA 编号(h26v04)
2000	83,163,195,243,291	83,113,127,143,163,173, 195,207,216,243,258,268,291
2002	72,136,232,280	72,113,130,136,157,174, 187,205,217,232,248,268,280
2005	208,224	114,128,147,161,173,193, 208,224,238,256,274
2008	153,201,249,297	107,121,139,153,170,184, 197,217,235,249
2010	174,190,238,254	113,126,142,156,174,190, 205,220,238,254,269,281
2015	124,156,204,236,252,268	111,124,139,156,173,191, 218,236,256,268,282

受云量和天气影响,单一 Landsat 7 影像不能满足对作物生育期 NDVI 变化特征的提取,因此采用 ESATRFM 数据融合算法对 Landsat 7 与 MODIS 数据进行融合,生成生育期内每 16 d 30 m 遥感影像。

3.2.2.2　地面调查数据

分组在解放闸灌域进行地面实际调查,手持 GPS 获取调查点经纬度,通过 ODK Collect 软件载入照片和调查内容,包括作物类型、作物种植密度、作物面积比例和作物长势等。调查样方面积为 90 m×90 m,每个样点东、南、西、北 4 个方位各拍一张照片,以辅助后期地面位置精度验证。最后完成地面调查点共 215 个,覆盖研究区域各个乡镇,调查路线见图 3-7。

3.2.2.3　ESTARFM 数据融合

Gao 等(2006)提出了时空自适应融合算法(STARFM),算法综合考虑了距离权重、光谱权重和时间权重,有效融合了 Landsat 和 MODIS 数据,但该方法在缺少关键期影像时,不能有效捕捉物候剧烈变化信息；HILKER 等(2009)提出了一种时空自适应融合变化监测方法,该方法避免了短暂剧烈的地物变化问题；Roy 等(2008)采用一种半物理的数据融合方法,使用 MODIS 二性反射等地表数据产品和 Landsat ETM+进行融合并预测对应日期或前后相邻日期的数据；Zhu 等(2010)提出了增强时空自适应融合算法(ESTARFM),在相似像元选取和时间权重计算上更加合理,并且可以有效捕捉地物剧烈变化特征。

ESATRFM 数据融合算法可以有效互补不同遥感数据源的优势以生成适宜的时间和空间分辨率影像。该算法考虑了临近像元与目标像元之间的光谱距离权重、空间距离权重和时间距离权重,通过临近相似像元的光谱信息来预测目标像元的辐射值。算法利用与预测时期相邻 2 个时期的高分辨率影像和低分辨率影像以及预测时期低分辨影像共同生成预测时期的高分辨率影像。最终预测时期高分辨率影像的计算式为

$$F_k(x_{w/2},y_{w/2},t_p)=F(x_{w/2},y_{w/2},t_k)+\sum_{i=1}^{N}W_iV_i[C(x_i,y_i,t_p)-C(x_i,y_i,t_k)]\quad (k=m,n) \tag{3-4}$$

$$F(x_{w/2},y_{w/2},t_p)=T_mF_m(x_{w/2},y_{w/2},t_p)+T_nF_n(x_{w/2},y_{w/2},t_p) \tag{3-5}$$

式中:w 为相似像元搜索窗口;$(x_{w/2},\ y_{w/2})$ 为中心像元位置;$(x_i,\ y_i)$为第 i 个相似像元;$F(x_{w/2},y_{w/2},t_k)$ 和 $C(x_i,y_i,t_k)$ 分别为 $k(k=m,n)$ 时期高分辨率影像和低分辨率影像;$F_m(x_{w/2},y_{w/2},t_p)$ 和 $F_n(x_{w/2},y_{w/2},t_p)$ 分别为 t_m 和 t_n 时期高、低分辨率影像共同预测的 t_p 时期高分辨率影像;$F(x_{w/2},y_{w/2},t_p)$ 为最终预测时期高分辨率影像;W_i 为综合权重因子,包括光谱距离权重和空间距离权重;V_i 为转换系数;T_m 和 T_n 分别为 t_m 和 t_n 时期的时间权重因子,其表达式为

$$T_k=\frac{\dfrac{1}{\left|\sum_{j=1}^{w}\sum_{i=1}^{w}C(x_j,y_i,t_k)-\sum_{j=1}^{w}\sum_{i=1}^{w}C(x_j,y_i,t_p)\right|}}{\sum_{k=m,n}\left(\dfrac{1}{\left|\sum_{j=1}^{w}\sum_{i=1}^{w}C(x_j,y_i,t_k)-\sum_{j=1}^{w}\sum_{i=1}^{w}C(x_j,y_i,t_p)\right|}\right)}\quad (k=m,n) \tag{3-6}$$

具体计算过程参照文献(Zhu et al. ,2010)。

3.2.2.4　ISODATA 非监督分类及光谱耦合

由于人力和物力因素的限制,不能提供足够的地面先验信息,对包含时间系列数据的宏影像(由 ETM+ 可见光、近红外波段和 NDVI 时间序列波段组成)分类一般采用 ISODATA 聚类分析方法,将具有相似光谱反射特性以及变化特征的像元归类合并为若干类,并统计各个类别的光谱反射特征矩阵。

光谱耦合技术(spectral matching technique,SMT)广泛应用于高光谱遥感信号解译中,其基本原理是比较多光谱曲线与已知特征曲线的相似度,从而对研究对象与目标进行分类(蔡学良 等,2009)。生育期内 NDVI 时间序列变化与高光谱具有类似的特性,因此用 NDVI 时间序列取代了光谱波段。光谱相似度 SSV 可以用来度量 2 个光谱间的差异,光谱相似度主要表现在形状和数量级相似两方面。其表达式为

$$\mathrm{SSV}=\sqrt{d_e^2+\hat{r}^2} \tag{3-7}$$

式中：d_e 为欧氏距离，度量光谱间数量级；$\hat{r}$ 为度量光谱的形状差异。

$$d_e = \sqrt{\frac{1}{n}\sum_{i=1}^{n}(X_i - Y_i)^2} \tag{3-8}$$

式中：n 为类别 NDVI 时间序列长度；X、Y 为类别 NDVI 时间序列。

$$r = \frac{1}{n-1}\left[\frac{\sum_{i=1}^{n}(t_i - \mu_t)(h_i - \mu_h)}{\sigma_t \sigma_h}\right] \tag{3-9}$$

$$\hat{r}^2 = 1 - r^2 \tag{3-10}$$

式中：r 为皮尔逊相关系数，取[-1~1]，其值越大越好；n 为光谱时间序列长度；t_i 为已知类 NDVI 时间序列值；μ_t 为已知类 NDVI 时间序列均值；h_i 为目标类 NDVI 序列值；μ_h 为目标类时间序列均值；σ_t 为已知类系列的标准差；σ_h 为目标类标准差。

3.2.3　结果与分析

3.2.3.1　数据融合结果及分析

采用 ESATRFM 算法分别对多年遥感影像(2000 年、2002 年、2005 年、2008 年、2010 年和 2015 年)进行了融合。受篇幅限制，本书仅显示解放闸灌域范围内像元 2000 年 7 月 13 日和 2015 年 7 月 23 日预测影像(1 000 像元×1 000 像元)和分析结果，Landsat 7 ETM+ 及 MOD09GA 影像见图 3-8。

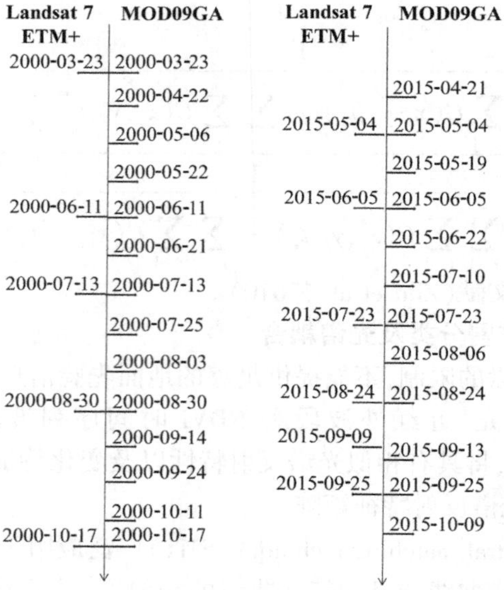

Landsat 7 ETM+　MOD09GA
2000-03-23　2000-03-23
2000-04-22
2000-05-06
2000-05-22
2000-06-11　2000-06-11
2000-06-21
2000-07-13　2000-07-13
2000-07-25
2000-08-03
2000-08-30　2000-08-30
2000-09-14
2000-09-24
2000-10-11
2000-10-17　2000-10-17

Landsat 7 ETM+　MOD09GA
2015-04-21
2015-05-04　2015-05-04
2015-05-19
2015-06-05　2015-06-05
2015-06-22
2015-07-10
2015-07-23　2015-07-23
2015-08-06
2015-08-24　2015-08-24
2015-09-09
2015-09-13
2015-09-25　2015-09-25
2015-10-09

图 3-8　2000 年及 2015 年可用遥感影像

图 3-9(a)为 2000 年 7 月 13 日融合结果，从左到右依次为实际影像 Landsat 7 ETM+ (7 月 13 日)红、近红外波段计算所得 NDVI 图像、同期预测影像(由 Landsat 7 ETM+ 6 月 11 日、8 月 30 日和 MOD09GA 6 月 11 日、7 月 13 日和 8 月 30 日 5 景影像共同预测)生成

的 NDVI 图像、实测值与预测值相关性分析和差值直方图。预测影像 NDVI 在空间差异性和分布上与实际影像一致，在 30 m 分辨率尺度能够反映空间差异，高灰度值代表植被区域，低灰度值代表非植被区域。从相关性来看，其散点值分布在 $y=x$ 线附近，相关系数达 0.89，表明在空间分布上 NDVI 高低值变化一致。由差值直方图可知，NDVI 实际值与 NDVI 预测值差值均值为 0.004，标准偏差为 0.104，预测结果良好。

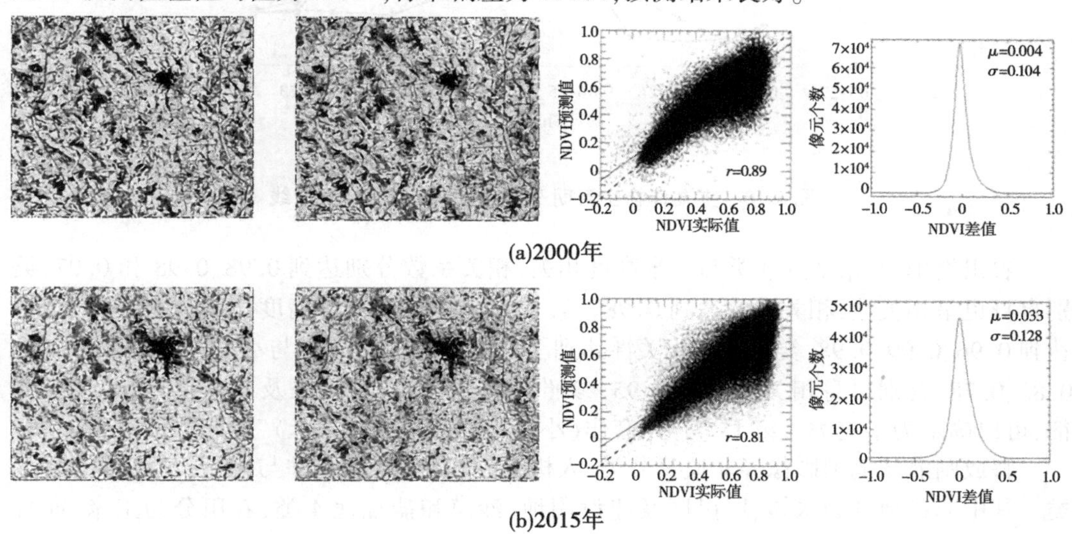

图 3-9 遥感影像融合结果

图 3-9(b)为 2015 年 7 月 23 日预测结果，从左到右依次为实际影像(Landsat 7 ETM+ 7 月 23 日)计算所得 NDVI 图像、预测影像(由 Landsat 7 ETM+ 6 月 5 日、8 月 24 日和 MOD09GA 6 月 5 日、7 月 23 日和 8 月 24 日 5 景影像进行预测)生成的 NDVI 图像、实测值与预测值相关性分析和差值直方图。预测结果与同期实际影像空间分布特征一致。实际影像与预测影像 NDVI 相关性达到 0.81，差值均值为 0.033，标准偏差为 0.128，预测结果良好。

3.2.3.2 种植结构提取及精度评价

1. 种植结构提取

以 2015 年 Landsat 7 ETM+数据为基础，将 NDVI 时间序列与之组合，生成包含 30 个波段的宏影像(ETM+ 6×3 个波段，分别为 2015-06-05、2015-07-23、2015-08-24，NDVI 时间序列 12 个波段，分别为 2015-04-21、2015-05-04、2015-05-19、2015-06-05、2015-06-22、2015-07-10、2015-07-23、2015-08-06、2015-08-24、2015-09-13、2015-09-25、2015-10-09)。解放闸灌域宏影像数据借助 ISODATA 非监督分类算法分成 50 类，对各类别各时期 NDVI 平均值进行统计，生成类别均值 NDVI 变化曲线。结合 Landsat 7 ETM+关键期影像和地面点信息，水体、沙漠、居民点以及盐荒地等非耕地类别可以直接进行识别。对于混合类，由原始宏影像分离出该部分，重新划分为 10 个子类，逐一判别，直至所有类别均被识别。农田类别 NDVI 特征曲线与地面实体作物 NDVI 特征曲线(见图 3-10)采用光谱相似度进行分析、识别、合并。

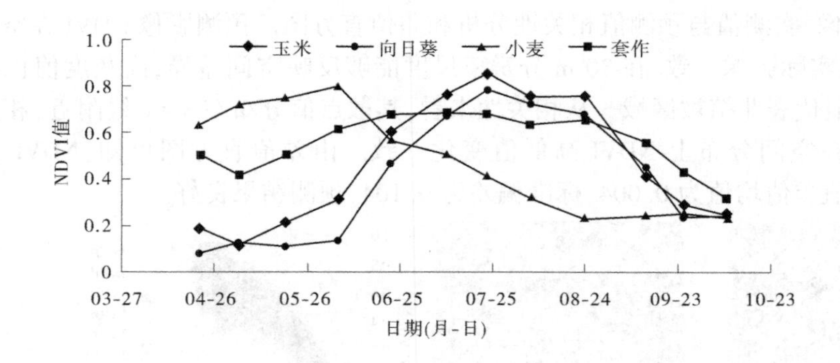

图 3-10 主要作物生育期 NDVI 平均值变化特征曲线

农田类别中,第 2、3、4 类与玉米高度相关,相关系数分别达到 0.98、0.98 和 0.97,类别自身也呈相关性,相关系数达到 0.98。第 7、8、9 类与向日葵高度相关,相关系数分别达到 0.96、0.99、0.98,类别自身相关性达到了 0.96。第 13、14 类与小麦相关系数分别为 0.83、0.78,类别自身相关性达到 0.95,参照类别 NDVI 时序特征及 Google Earth 纹理特征,可以确定为小麦类。第 15 类与“套作(小麦套作向日葵或玉米)”类相关性达到 0.96。

解放闸灌域范围影像经非监督分类、人机交互识别、类别合并与判定,最终分为 9 大类。其中非耕地分为水体、居民区及建设用地、沙漠和盐荒地 4 类,农田分为玉米、向日葵、小麦、套作以及其他 5 类。

2. 精度评价

主栽作物的位置精度采用 2015 年 7 月地面实体采样点进行检验。在研究区范围内,135 个均匀分布的调查点参与了精度评估,与分类结果进行逐一对比,得到如表 3-6 所示的精度矩阵,其中行所在信息代表实地调查点作物类型,列所在信息代表分类结果,精度代表遥感解译结果的像元与地面采样点的位置匹配度。

表 3-6 遥感影像作物分类位置精度评估

作物		合计	样本数					精度/%
			向日葵	玉米	小麦	套种	其他	
纯像元	向日葵	32	28	2	0	0	2	88
	玉米	21	0	20	0	1	0	95
	小麦	12	0	0	11	0	1	91
	套种	10	0	0	0	9	1	90

续表 3-6

作物		合计	样本数					精度/%
			向日葵	玉米	小麦	套种	其他	
混合像元	向日葵	15	12	1	0	0	2	80
	玉米	30	1	26	2	0	1	87
	小麦	10	0	0	9	0	1	90
	套种	7	0	0	1	6	0	86

由于研究区域地块比较破碎，将样本点分为纯像元和混合像元，分别对其进行评估。纯像元中玉米、小麦和套种的分类精度分别达到了 95%、91%和 90%，均达到较高的精度；向日葵分类精度为 88%，由于不同品种之间生理指标差异较大，光谱反射特性差异大，其 NDVI 特征变化曲线差异也较大，其识别精度会有所降低。其中，纯像元分类总体精度达到了 91%，高于混合像元的 86%。就整体而言，遥感解译结果的分类精度较好，可以满足对研究区域作物的识别。

对历史种植结构提取的评估，则以杭锦后旗行政区（1 790 km^2，占灌域面积的 76.33%）为单位，与遥感监测结果进行总量上的对比分析。由图 3-11 可以看出，主栽作物玉米、小麦和套种种植面积的监测结果与统计数据（巴彦淖尔市统计年鉴）相一致，由于向日葵不同品种之间物理特性差异较大，遥感监测结果与统计数据在个别年份上相差较大。但不同作物遥感监测结果多年变化趋势与杭锦后旗统计数据较吻合。

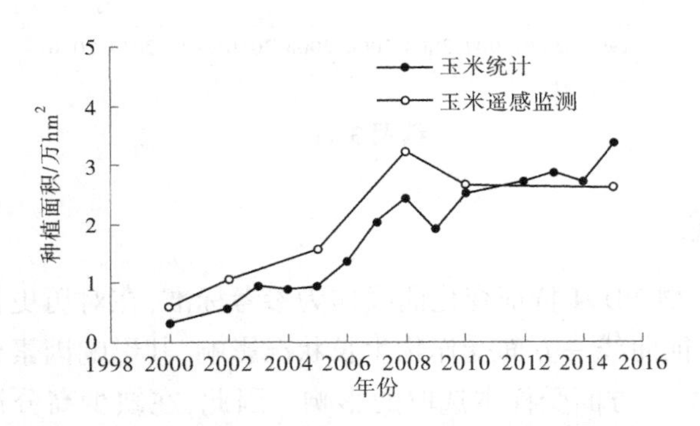

图 3-11　杭锦后旗主要作物多年遥感监测与统计数据对比

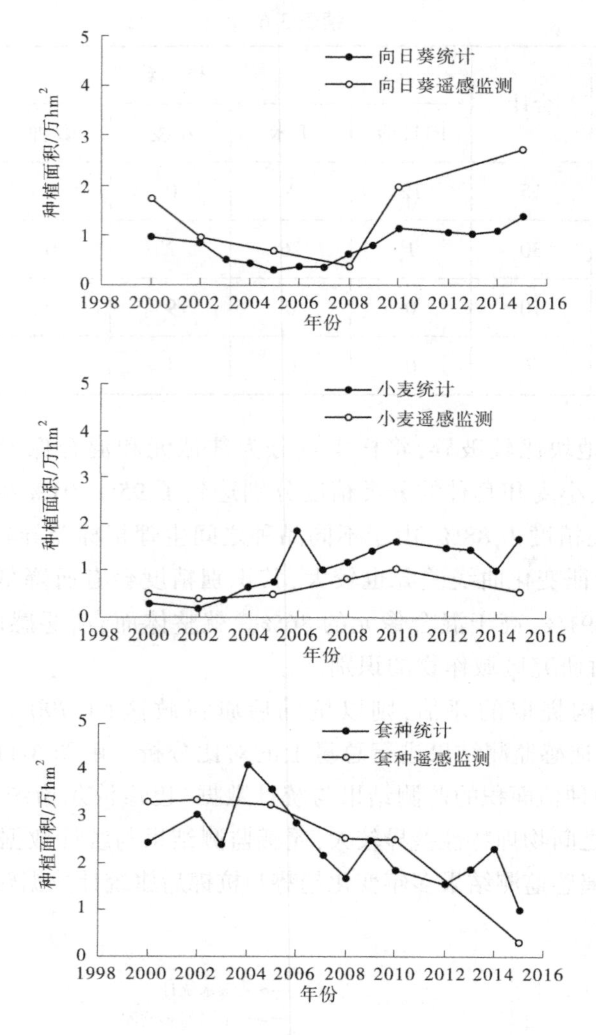

续图 3-11

3.2.4 讨论与结论

以 2015 年实体作物 NDVI 特征变化曲线作为参考标准,在对历史作物类型提取过程中,实体作物 NDVI 特征曲线一方面受作物生长状况影响,其影响因素包括品种、施肥、土壤环境、灌水时间等;另一方面受样本选取的影响。因此,在缺少高分辨率影像辅助判别和详细的地面调查信息情况下,类别归类过程中不可避免会出现一些误判现象。主要结论如下:

(1)粮食作物玉米和小麦种植面积呈逐年增加,尤以玉米变化幅度最大,由 2000 年的 0.83 万 hm^2(占比 5.80%)增加到 2015 年的 4.02 万 hm^2(占比 28.31%),其变化受国家政策和市场因素影响,如粮补政策、价格导向和需求量等。经济作物向日葵种植面积由下降趋势变为上升趋势,其种植规模由市场需求和价格因素主导。套种模式种植面积逐年下降，由2000年的4.30万 hm^2（占比30.32%）减少到2015年的0.41万 hm^2（占比2.91%），其规模的减小原因主要为土地承包和流转速度加快、农村劳动力的外流，加上套种种植模式劳动力成本较高，使得农户转向单一作物种植模式。

（2）种植结构虽有较大调整，但其空间分布格局的相对差异性并未发生明显变化，小麦种植区域主要分布在灌域的东南部以及东部和北部的边缘区域，玉米在灌域的北部、东南部和东北部地区分布较为密集，向日葵种植区域在西部和东北偏中部地区分布较多，套种种植模式主要分布在东南部和西南部一些地区。

参考文献

蔡学良，崔远来，2009. 基于异源多时相遥感数据提取灌区作物种植结构[J]. 农业工程学报，25(8)：124-130.

在伟伟，2014. 基于分布式水文模型的灌区用水效率评价[D]. 北京：中国水利水电科学研究院.

贾博中，白燕英，魏占民，等，2021. 基于MODIS-EVI的内蒙古沿黄平原区作物种植结构分析[J]. 灌溉排水学报，40(4)：114-120.

贾云飞，李云飞，范天程，等，2022. 基于长时间序列NDVI的黄土高原延河流域及其沟壑区植被覆盖变化分析[J]. 水土保持研究，29(4)：240-247.

孔冬冬，张强，黄文琳，等，2017. 1982—2013年青藏高原植被物候变化及气象因素影响[J]. 地理学报，72(1)：39-52.

李中元，吴炳方，张淼，等，2019. 利用物候差异与面向对象决策树提取油菜种植面积[J]. 地球信息科学学报，21(5)：720-730.

汪小钦，邱鹏勋，李娅丽，等，2019. 基于时序Landsat遥感数据的新疆开孔河流域农作物类型识别[J]. 农业工程学报，35(16)：180-188.

王利军，郭燕，贺佳，等，2018. 基于决策树和SVM的Sentinel-2A影像作物提取方法[J]. 农业机械学报，49(9)：146-153.

谢鑫，张贤勇，杨霁琳，2022. 融合信息增益与基尼指数的决策树算法[J]. 计算机工程与应用，58(10)：139-144.

张荣群，王盛安，高万林，等，2015. 基于时序植被指数的县域作物遥感分类方法研究[J]. 农业机械学报，2015，46(增刊)：246-252.

张馨予，蔡志文，杨靖雅，等，2022. 时序滤波对农作物遥感识别的影响[J]. 农业工程学报，38(4)：215-224.

张旭东，迟道才，2014. 基于异源多时相遥感数据决策树的作物种植面积提取研究[J]. 沈阳农业大学学报，45(4)：451-456.

赵鹏博，吕昭，买尼克·吾买尔，等，2020. 吐鲁番市灌溉水利用系数测定分析报告[R]. 吐鲁番：吐鲁番市水利科学研究所.

Gao F，MASEK J，SCHWALLER M，et al.，2006. On the blending of the Landsat and MODIS surface reflectance：Predicting daily Landsat surface reflectance[J]. IEEE Transactions on Geoscience and Remote Sensing，44(8)：2207-2218.

HILKER T，WULDER M A，COOPS N C，et al.，2009. A new data fusion model for high spatial-and temporal-resolution mapping of forest disturbance based on Landsat and MODIS [J]. Remote Sensing of Environment，113：1613-1627.

ROY D P，JU J C，LEWIS P，et al.，2008. Muti-temporal MODIS-Landsat data fusion for relative radiometric normalization, gap filling, and prediction of Landsat data [J]. Remote Sensing of Environment, 112: 3112-3130.

ZHU X L, CHEN J, GAO F, et al. ,2010. An enhanced spatial and temporal adaptive reflectance fusion model for complex heterogeneous regions [J]. Remote Sensing of Environment,114:2610-2623.

第 4 章　蒸散发遥感反演方法应用

蒸散发是灌区农业需耗水和灌溉用水管理的重要依据。本章基于多源多尺度遥感、再分析等数据,通过时空融合和重建技术,构建了高时空分辨率地表温度、植被指数、叶面积指数等地表参数数据集,结合 SEBS 单源模型和 TSEB 双源能量平衡模型,实现对内蒙古河套灌区解放闸灌域、若羌河灌区蒸散发遥感反演,并分析其时空变化特征,为灌区实施种植结构调整、耗水管理和节水工程效益评价等提供依据。

4.1　引黄灌区蒸散发遥感反演

4.1.1　研究区概况

本研究以河套灌区解放闸灌域为研究对象,详见第 3 章 3.2.1 小节,这里不再赘述。为保证像元为纯像元,作物田块尺寸均大于 60 m×60 m(见图 4-1)。地下水水位变化通过田块布设的观测井每日监测;土壤水分采用智墒仪每日监测,详见相关研究(蔡甲冰等,2015;白亮亮 等,2015);田间灌溉水量和降水量通过人工观测记录。

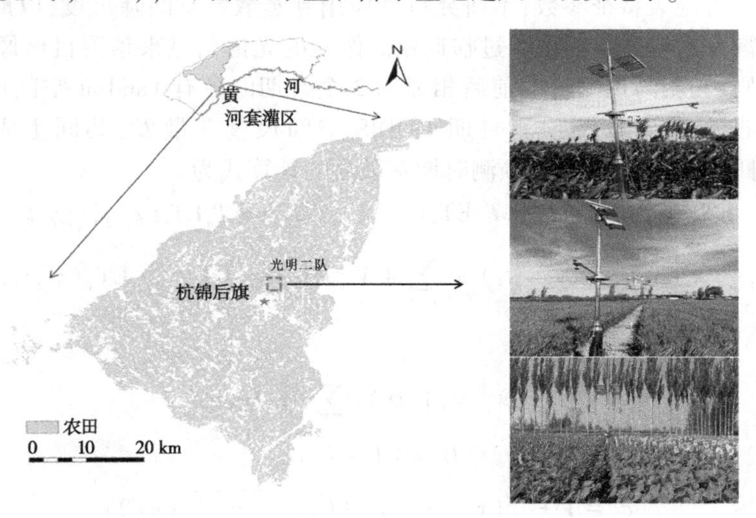

图 4-1　解放闸灌域及田间试验位置示意

4.1.2　研究方法与数据来源

4.1.2.1　研究方法

1. SEBS 单源模型

SEBS 单源模型是 Su (2002)在 2002 年提出的基于能量平衡原理的单层模型。SEBS

单源模型主要包括以下几个部分：反照率和辐射率等地表物理参数反演；热量粗糙长度计算；显热通量计算；潜热通量计算。能量平衡方程计算式为

$$R_n = H + \lambda E + G_0 \tag{4-1}$$

式中：R_n 为净辐射；G_0 为土壤热通量；H 为显热通量；λE 为潜热通量。

SEBS 单源模型结合了 Brutsaert(1975)裸地条件下和 Choudhury 等(1988)完全植被覆盖条件下提出的 kB^{-1} 计算公式，提出了基于部分植被覆盖的混合象元条件下 kB^{-1} 计算公式：

$$kB^{-1} = \frac{kC_d}{4C_t \frac{u_*}{u(h)}(1 - e^{-n_{ec}/2})} f_c^2 + 2f_c f_s \frac{k \frac{u_*}{u(h)} \frac{z_{om}}{h}}{C_t^*} + kB_s^{-1} f_s^2 \tag{4-2}$$

式中：k 为冯卡尔曼常数；B^{-1} 为无量纲的热量传输系数；C_d 为叶片拖曳系数；u_* 为摩擦阻力；z_{om} 为动量粗糙长度；h 为冠层高度；$u(h)$ 为冠层高度风速；f_c 为植被覆盖度；f_s 为裸土覆盖度；C_t 为叶片热量传输系数，对于绝大多数冠层和自然条件的情况，C_t 的取值范围是[0.005N,0.075N]，其中 N 代表植被叶片有几面参与热量交换，取值为 1 或 2；C_t^* 为土壤热量传输系数；n_{ec} 为冠层风速剖面衰减系数。

2. ESTARFM 数据融合

ESATRFM 数据融合算法(Zhu et al., 2010)起初被用来对低级产品的降尺度，如地表反射率、NDVI 等地表特征参数；本研究将其应用到蒸散发空间降尺度，以期构建 Landsat 空间尺度蒸散发数据集。算法通过临近相似像元的光谱信息来预测目标像元的特征值，根据就近原则，利用与预测时期前后相邻的 2 个时期的原有 Landsat 空间尺度和 MODIS 空间尺度蒸散发数据以及预测时期 MODIS 空间尺度蒸散发，共同生成预测时期的 Landsat 空间尺度蒸散发。最终预测时期蒸散发的计算式为

$$\mathrm{ET}(x_{w/2}, y_{w/2}, T_p) = T_m \mathrm{ET}_m(x_{w/2}, y_{w/2}, t_p) + T_n \mathrm{ET}_n(x_{w/2}, y_{w/2}, t_p) \tag{4-3}$$

$$\mathrm{ET}_k(x_{w/2}, y_{w/2}, t_p) = \mathrm{ET}_L(x_{w/2}, y_{w/2}, t_k) + \sum_{i=1}^{N} W_i V_i [\mathrm{ET}_M(x_i, y_i, t_p) - \mathrm{ET}_M(x_i, y_i, t_k)] \ (k = m, n) \tag{4-4}$$

$$W_i = (1/D_i) / \sum_{i=1}^{N} (1/D_i) \tag{4-5}$$

$$D_i = (1 - R_i) d_i \tag{4-6}$$

$$d_i = 1 + \sqrt{(x_{w/2} - x_i)^2 + (y_{w/2} - y_i)^2} / (w/2) \tag{4-7}$$

式中：w 为相似像元搜索窗口，取 12 个 MODIS 像元(50 个 Landsat 像元)大小范围；$(x_{w/2}, y_{w/2})$ 为中心像元位置；(x_i, y_i) 为第 i 个相似像元；$\mathrm{ET}_m(x_{w/2}, y_{w/2}, t_p)$ 为 t_m 时期预测的高分辨率蒸散发影像；$\mathrm{ET}_n(x_{w/2}, y_{w/2}, t_p)$ 为 t_n 时期预测的高分辨率蒸散发影像；ET_L 为 Landsat 蒸散发影像；ET_M 为 MODIS 蒸散发影像；$\mathrm{ET}(x_{w/2}, y_{w/2}, t_p)$ 为最终预测时期高分辨率影像；V_i 为转换系数；W_i 为综合权重因子；d_i 为距离权重；R_i 为光谱相似权重。

T_m 和 T_n 分别为 t_m 和 t_n 时期的时间权重因子，其表达式为

$$T_k = \frac{1/\left|\sum_{j=1}^{w}\sum_{i=1}^{w}\mathrm{ET_M}(x_i,y_j,t_k) - \sum_{j=1}^{w}\sum_{i=1}^{w}\mathrm{ET_M}(x_i,y_j,t_p)\right|}{\sum_{k=m,n}\left(1/\left|\sum_{j=1}^{w}\sum_{i=1}^{w}\mathrm{ET_M}(x_i,y_j,t_k) - \sum_{j=1}^{w}\sum_{i=1}^{w}\mathrm{ET_M}(x_i,y_j,t_p)\right|\right)} (k = m,n) \tag{4-8}$$

4.1.2.2　数据来源

融合过程中所用空间分辨率为 30 m 的遥感影像，包括 Landsat 5 TM、Landsat 7 ETM+和 Landsat 8 OLI/TIRS 系列数据。根据遥感影像质量（晴空或少量云覆盖），分别选取数据较好的 2000 年、2002 年、2005 年、2008 年、2010 年、2014 年、2015 年影像作为研究时段，其年内跨度为主要作物生育期的 4—10 月，具体数据见表 4-1。影像经过辐射校正、大气校正、条带修复、镶嵌和裁剪，并利用手持 GPS 采集的地面控制点统一进行几何精校正，误差控制在 1/2 个像元以内，处理后影像作为遥感蒸散发模型的输入数据。空间分辨率为 250 m 的 MODIS 日蒸散发数据来自 Yang 等（2012）的计算结果，产品通过 MRT 工具重投影到 WGS84/UTM（北 48 区）坐标系统，空间分辨率重采样到与 Landsat 系列蒸散发数据一致。

表 4-1　融合过程可用 Landsat 系列影像

年份	数量	诺略日		
		Landsat 5	Landsat 7	Landsat 8
2000	7	107,251	83,163,195,243,291	—
2002	6	176,192	72,136,232,280	—
2005	9	88,104,120,152,168,264,280	208,224	—
2008	9	97,145,177,273,289	153,201,249,297	—
2010	11	86,102,118,134,182,198,278	174,190,238,254	—
2014	8	—	137,185,281	097,113,145,209,289
2015	10	—	124,156,204,236,268	84,244,260,276,292

4.1.3　结果与分析

4.1.3.1　蒸散发融合结果验证

1. 点尺度验证

图 4-2 为玉米、小麦和向日葵融合后的蒸散发与水量平衡蒸散发生育期内变化过程，两者变化过程较吻合，其中小麦耗水峰值出现在 6 月中下旬至 7 月初，玉米和向日葵峰值出现在 7 月。由图 4-2 可以看出，不同作物生育期蒸散发值与地面点数据散点分布于 1:1 线两侧，玉米、小麦和向日葵的决定系数 R^2 分别达到了 0.85、0.79 和 0.82；生育期内，玉米（5—10 月）、小麦（4—7 月）和向日葵（6—10 月）的均方根误差 RMSE 均不高于 0.70

mm/d，平均绝对误差 MAD 均不高于 0.75 mm/d，相对误差 RE 均不高于 16%。基于 ESTARFM 融合算法生成的高分辨率 ET 结果可靠，在点尺度上具有较好的融合精度。

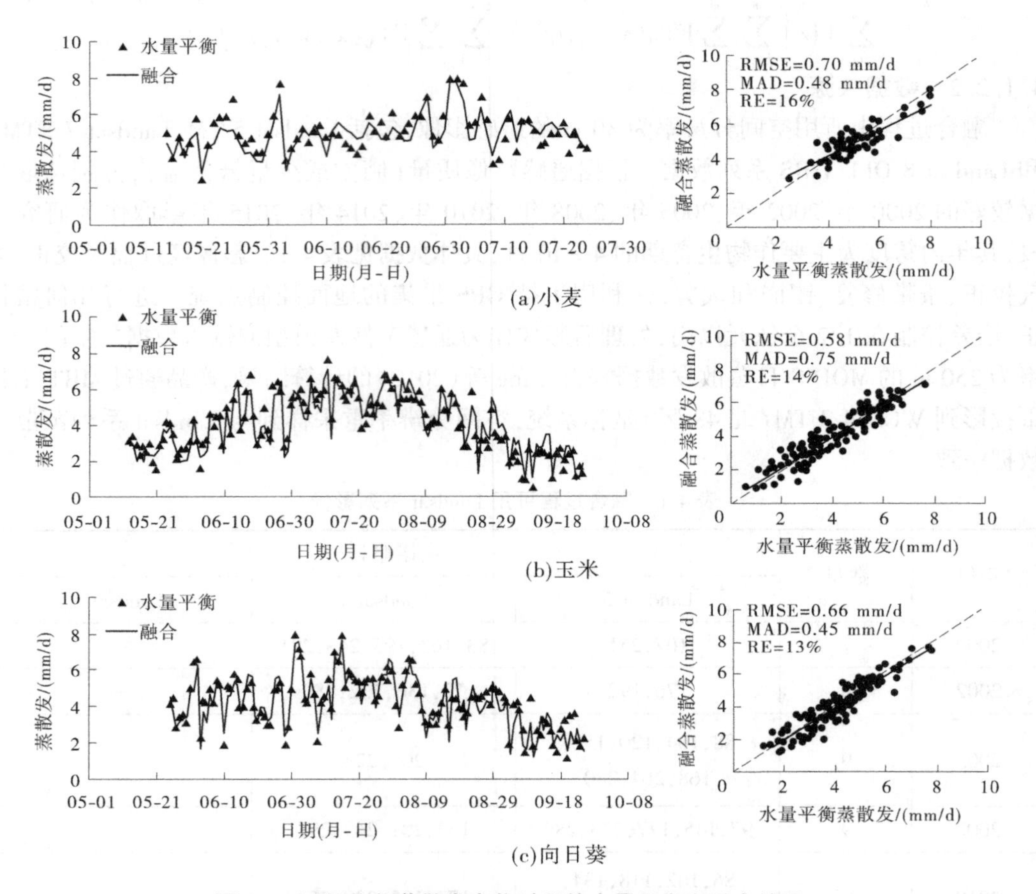

图 4-2　不同作物蒸散发变化过程的水量平衡和融合结果

2. 融合蒸散发总量验证

对区域农田融合蒸散发总量的验证，采用区域水量平衡计算方法，其中灌排数据和地下水数据来源于河套灌区解放闸灌域。图 4-3 为两者相关性分析结果，其散点均匀分布在 1:1线两侧，两者决定系数 R^2 达到了 0.64，说明两者一致性较好。

4.1.3.2　融合结果与 Landsat 蒸散发空间对比

通过 ESTARFM 算法分别对多年 Landsat 和 MODIS 蒸散发（2000 年、2002 年、2005 年、2008 年、2010 年、2014 年、2015 年）进行融合。受篇幅限制，文中选取 2015 年 7 月 23 日、8 月 24 日和 9 月 1 日研究区域融合结果（400 像元×400 像元）进行评价和分析，原有 Landsat 蒸散发和融合蒸散发影像见图 4-4。融合蒸散发所用影像按照时间就近原则，根据 2015 年研究区域过境 Landsat 和 MODIS 影像质量和有无云覆盖情况，7 月 23 日融合结果由 Landsat 6 月 5 日、8 月 24 日蒸散发和 MODIS 6 月 5 日、7 月 23 日、8 月 24 日蒸散发 5 景影像共同预测生成；8 月 24 融合结果由 Landsat 7 月 23 日、9 月 1 日蒸散发和 MODIS 7 月 23 日、8 月 24 日和 9 月 1 日蒸散发共同预测生成；9 月 1 日融合结果由 Landsat 8 月 24

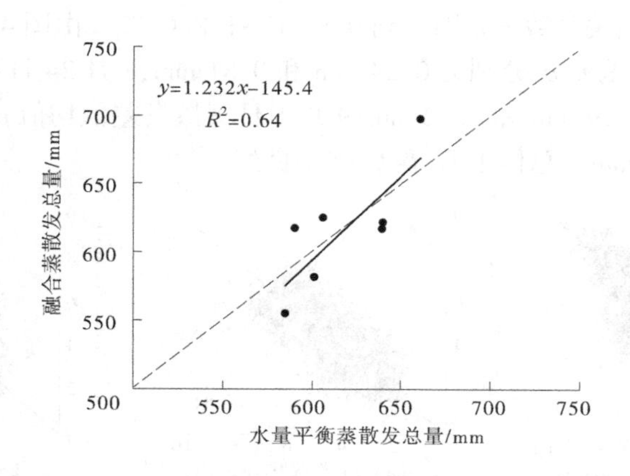

图 4-3　区域水量平衡蒸散发与融合蒸散发总量对比

日、9月25日蒸散发和MODIS 8月24日、9月1日和9月25日蒸散发共同预测生成。

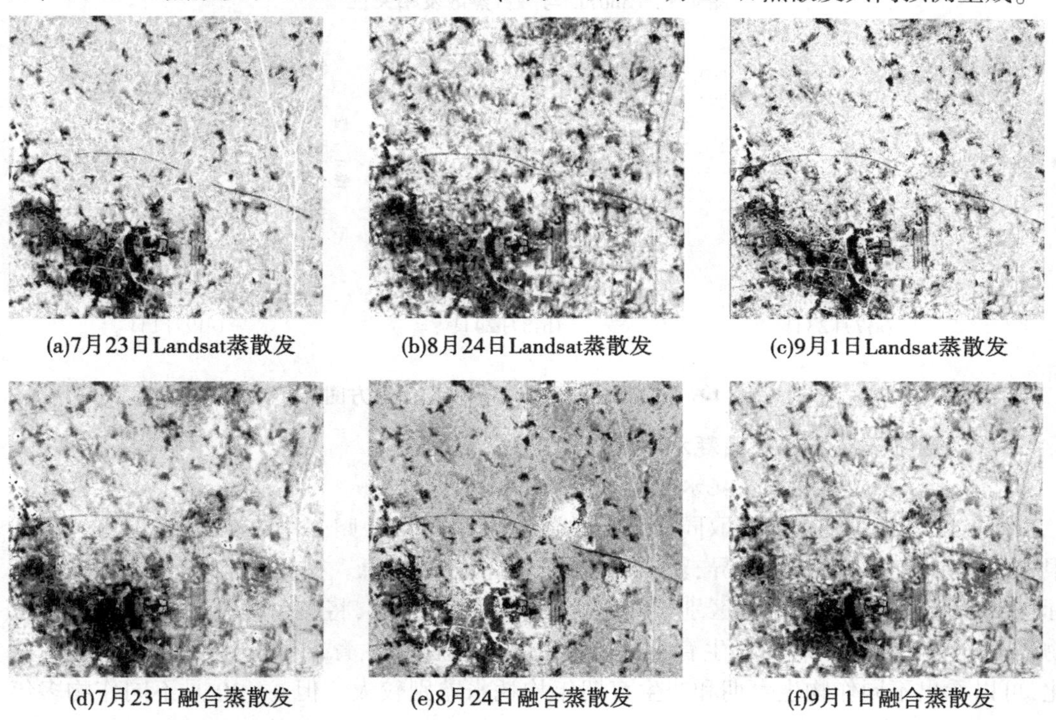

图 4-4　Landsat 蒸散发与融合蒸散发空间分布

从图4-4可以看出，融合结果的空间差异性和分布上与Landsat蒸散发影像一致，在30 m尺度上能够反映出空间差异，其中高灰度代表高蒸散发值，表明该区域植被覆盖较密；低灰度代表低蒸散发值，表明该区域为裸地或稀疏植被覆盖，如城镇、乡村等区域。同时可以看出，在地物交预测结果局部出现模糊现象，这是由于地物类型混杂，下垫面破碎程度高，导致融合结果质量下降。

图4-5为融合结果与Landsat蒸散发相关性，其散点分布在1∶1线附近，7月23日、8

月 24 日和 9 月 1 日相关系数 r 分别达到 0.85、0.81 和 0.77。由图 4-6 知,7 月 23 日蒸散发差值均值 μ 和标准偏差 σ 分别为 0.24 mm 和 0.81 mm;8 月 24 日蒸散发差值均值 μ 和标准偏差 σ 分别为 0.19 mm 和 0.72 mm;9 月 1 日蒸散发差值均值 μ 和标准偏差 σ 分别为 0.22 mm 和 0.61 mm。总体上看,融合结果良好。

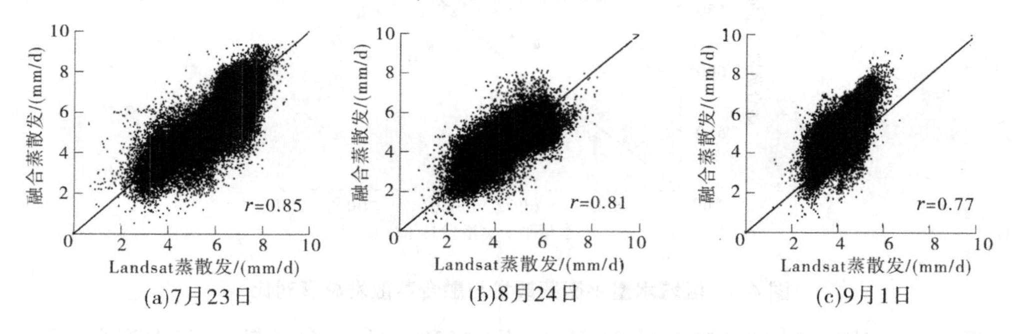

图 4-5　Landsat 与融合蒸散发相关性

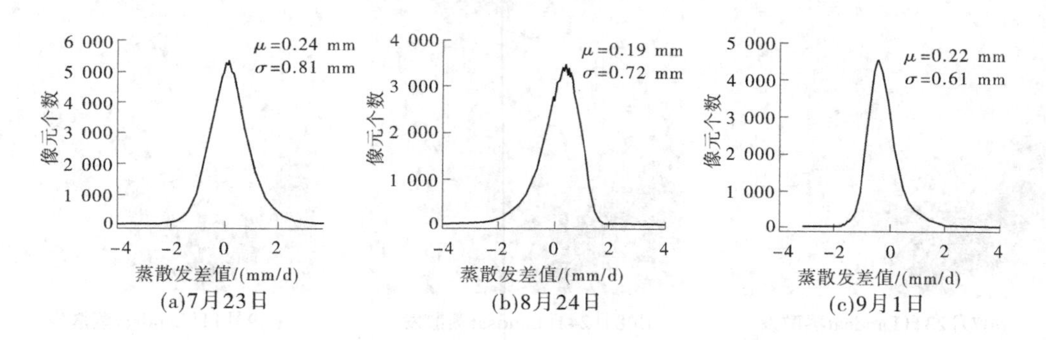

图 4-6　Landsat 与融合蒸散发差值直方图

4.1.3.3　融合蒸散发在农田耗水中的应用

1. 基于融合的主要作物耗水量差异

研究区域种植结构的提取同样采用融合方法对 MODIS 归一化植被指数进行降尺度,根据植被参数时间序列的差异,获取田块尺度植被分布信息。在此基础上,对不同作物年际耗水进行提取。为更好地区别不同作物耗水之间的差异,将整个研究时段按照不同作物生育阶段分为生育期和非生育期。表 4-2 为不同作物生育期和非生育期年际耗水变化,可以看出不同作物生育期和非生育期年均耗水差别较大。但 4—10 月不同作物多年平均耗水量较小。生育期内套种(4—10 月)多年平均耗水量最大,达到 637 mm,玉米(5—10 月)和向日葵(6—10 月)次之,分别为 598 mm 和 502 mm,小麦(4—7 月)最低为 412 mm。非生育期内,小麦(8—10 月)多年平均耗水量最大,达到 214 m,向日葵(4—5 月)和玉米(4 月)次之,分别为 128 mm 和 42 mm。

表 4-2　生育和非生育期内不同作物耗水年际变化　单位:mm

年份	生育期				非生育期				4—10 月			
	小麦	玉米	向日葵	套种	小麦	玉米	向日葵	套种	小麦	玉米	向日葵	套种
2000	427	630	527	647	219	32	129	0	646	662	656	647
2002	400	608	496	623	221	34	116	0	621	642	612	623
2005	426	604	505	640	211	40	135	0	637	644	640	640
2008	377	541	457	576	201	43	119	0	578	584	576	576
2010	413	621	519	641	197	27	114	0	610	648	633	641
2014	407	602	495	657	236	61	155	0	643	663	650	657
2015	431	579	512	675	212	55	125	0	643	634	637	675
平均值	412	598	502	637	214	42	128	0	625	640	629	637

2. 基于融合的作物耗水总量变化

图 4-7 为不同作物 4—10 月耗水总量占比年际变化,其中玉米耗水逐年上升,由 2000 年的 6%(0.54 亿 m^3)上升到 2015 年的 31%(2.79 亿 m^3);向日葵耗水量由下降变为上升趋势,由 2000 年的 17%(1.53 亿 m^3)到 2015 年的 28%(2.58 亿 m^3);近年来,套种模式耗水急剧减少,由 2000 年的 31%(2.86 亿 m^3)减少到 2015 年的 3%(0.31 亿 m^3);小麦耗水量占比较小,维持在 10%以内;其他作物总耗水量有所减少,由 2000 年的 41%(3.78 亿 m^3)减少到 2015 年的 28%(2.59 亿 m^3)。根据多年作物种植面积可知,作物耗水量年际变化主要由作物种植面积的改变引起。

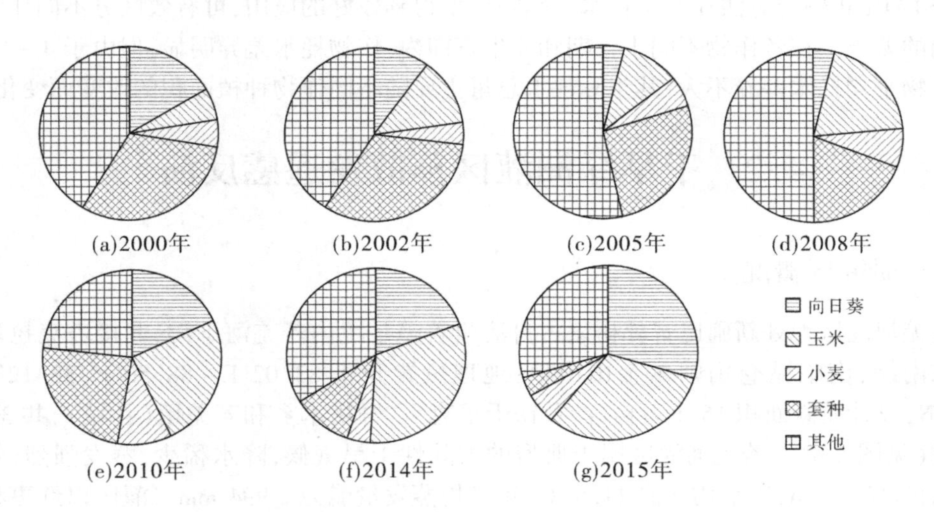

图 4-7　不同作物耗水总量占比年际变化

4.1.4 讨论和结论

4.1.4.1 讨论

ESTARFM 算法可有效对空间地表参数进行降尺度,但由于云雨天气的影响,使得遥感影像序列并非等间隔(Landsat 系列)或每日间隔(MODIS),融合结果的质量不可避免地受到就近影像选择的影响。在时间间隔较长时段内地物发生剧烈变化,如果影像并不能有效捕捉到地物变化特征,则融合结果将会偏离实际情况。

融合算法在窗口内搜索与中心像元相似的像元时,复杂下垫面情况和混合像元的存在使得在选取相似像元时不可避免出现误判现象。如将地表类型进行分类后再融合,均匀下垫面条件下融合结果将会得到改善。

融合结果的优劣除依赖于算法本身参数外,与所融合的数据质量也有很大关系。相对于较低级别的地表特征数据,高级别的地表产品往往需要较多的参数,加大了数据本身质量控制的难易程度。高级产品数据的质量对融合的精度将产生直接的影响。

4.1.4.2 结论

不同作物融合蒸散发与水量平衡蒸散发变化过程较吻合,玉米、小麦和向日葵决定系数 R^2 分别达到了 0.85、0.79 和 0.82;均方根误差均不高于 0.70 mm/d;相对误差均不高于 16%。在区域农田耗水总量验证中,融合蒸散发与水量平衡蒸散发相一致,两者决定系数达到了 0.64。

融合结果与 Landsat 蒸散发在空间纹理信息和空间差异性上一致。7 月 23 日、8 月 24 日和 9 月 1 日相关系数分别达到 0.85、0.81 和 0.77。差值均值分别为 0.24 mm、0.19 mm 和 0.22 mm;标准偏差分别为 0.81 mm、0.72 mm 和 0.61 mm,融合结果良好。

ESTARFM 融合算法在农田耗水空间降尺度得到较好的应用,可有效区分不同作物耗水之间的差异。在各作物不同生育期和非生育期内,作物耗水差异明显,但由于 4—10 月不同作物平均耗水差异不大,其年际耗水总量主要随不同作物种植面积的改变而变化。

4.2 干旱绿洲灌区蒸散发遥感反演

4.2.1 研究区概况

若羌河灌区地处新疆巴音郭楞蒙古自治州若羌县境内若羌河下游,北接塔克拉玛干沙漠东南缘,南临昆仑山阿尔金山山地;地理位置介于 83°02′E~88°56′E,38°12′N~39°16′N,设计灌溉面积 15.1 万亩,涉及铁干里克乡、吾塔木乡和若羌镇(县城),共 30 个行政村(见图 4-8)。若羌河灌区属于典型的大陆性干旱气候,降水稀少,蒸发强烈,年平均降水量 27.3 mm,年平均气温 11.5 ℃,年平均蒸发量能力 2 994 mm。灌区以红枣种植为主,枸杞、棉花、小麦和玉米种植面积相对较小。

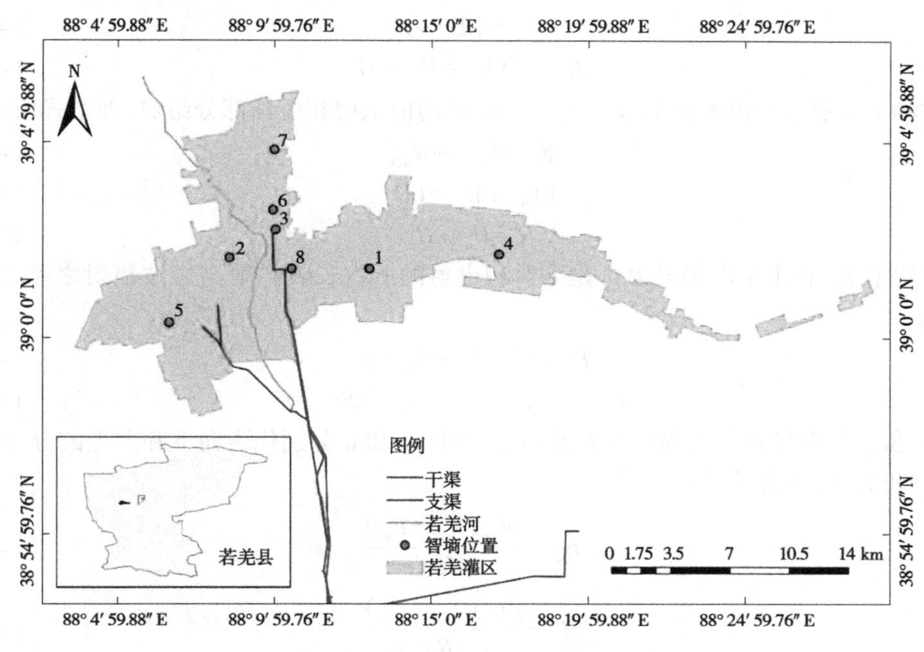

图 4-8　若羌河灌区位置示意图

4.2.2　研究方法和数据来源

4.2.2.1　研究方法

Norman 等(1995)提出了双源能量平衡(two source energy blance,TSEB)模型,TSEB 模型简化了经典的 S-W 模型中复杂的计算过程,同时考虑了地表蒸散发中植被和土壤的各自贡献以及土壤和植被之间的水热通量交换过程。TSEB 模型采用余项法估算蒸散发,有两种阻抗结构形式:另一种是并联结构,即土壤和植被分别与参考高度大气独立进行热量交换;另一种是串联结构,即热量首先从土壤和植被表面传输到冠层内,然后传输到参考高度的大气中。TSEB 模型在计算总显热通量时采用了土壤表面显热通量与植被表面显热通量之和的形式,而不是按照面积进行加权平均,这与串联结构的物理意义更为吻合,故本研究采用串联结构。

地表能量平衡理论是 TEBS 模型的理论基础,该理论认为地表和大气的能量主要来自于太阳发射的短波辐射。根据能量守恒原理,以漫反射和直射形式进入地表的能量即地表净辐射通量,地表净辐射通量又不断进行着不同方式的能量转换,分别转换为显热通量(也称为感热通量)、潜热通量和土壤热通量,还有一小部分能量用于植被生理活动和生物耗能过程中,因为所占比例非常小(1%~3%),所以在计算中忽略不计,地表能量平衡方程为

$$R_n = H + LE + G \tag{4-9}$$

式中:R_n 为地表净辐射通量,W/m^2;G 为土壤热通量,W/m^2;H 为显热通量,W/m^2;LE 为潜热通量,W/m^2。

TSEB 模型分别计算土壤和植被能量平衡分量,如下式所示:

$$R_{n,c} = LE_c + H_c \tag{4-10}$$

$$R_{n,s} = LE_s + H_s + G \tag{4-11}$$

下标 c 和 s 分别表示植被和土壤。R_n、LE 和 H 均由土壤和植被部分组成，如下式所示：

$$R_n = R_{n,c} + R_{n,s} \tag{4-12}$$

$$LE = LE_c + LE_s \tag{4-13}$$

$$H = H_c + H_s \tag{4-14}$$

净辐射 R_n 和土壤净辐射 $R_{n,s}$ 是入射和出射的所有长波辐射与短波辐射之差。如下式所示：

$$R_n = L_d - L_u + S_d - S_u \tag{4-15}$$

$$R_{n,s} = L_{d,s} - L_{u,s} + S_{d,s} - S_{u,s} \tag{4-16}$$

式中：L 和 S 分别代表长波辐射和短波辐射；下标 d 和 u 分别代表向下和向上的分量。

H_c 和 H_s 由下式计算：

$$H_c = \frac{\rho C_p (T_c - T_{ac})}{R_X} \tag{4-17}$$

$$H_s = \frac{\rho C_p (T_s - T_{ac})}{R_s} \tag{4-18}$$

式中：ρ 为空气密度，kg/m^3；C_p 为空气的常压比热容，J/(kg · K)；T_{ac} 为空气动力学温度，K；R_X 为冠层内植被阻抗，s/m；R_s 为土壤表面的空气动力学阻抗，s/m。

$$R_X = \frac{C}{F}\left(\frac{s}{u_{d+z_m}}\right)^{0.5} \tag{4-19}$$

式中：C 为常数，一般设为 90；d 为零位移平面，定义为 $0.65h_c$；z_m 为动量粗糙度，定义为 $0.125h_c$；h_c 为树冠高度，m；u_{d+Z_m} 为 $0.775h_c$ 处风速；S 为作物叶宽，m。

$$R_s = \frac{1}{c(T_s - T_c)^{1/3} + bu_s} \tag{4-20}$$

式中：c 和 b 为常数，一般分别设为 0.002 5 和 0.012；u_s 为 2 m 处的风速。

4.2.2.2 数据来源

本研究采用的 Landsat 8 地表反射率和热红外遥感数据、ASTER GDEM 数字高程数据来源于美国地质调查局官网，MOD11A1 地表温度、MOD15A2 叶面积指数和光合有效辐射数据来源于美国国家航空航天局官网，CLDAS 近实时气象驱动数据集来源于国家气象信息中心，地面观测空气温湿度、土壤温度、热通量数据来自于灌区布设波文比气象站。

1. 植被覆盖度

植被覆盖度(fraction vegetation coverage，FVC)通常被定义为植被在地面的垂直投影面积占统计区域总面积的百分比，是刻画地表植被覆盖的重要参数，在植被变化、生态环境、水土保持、城市宜居等方面问题研究中起到重要作用。植被覆盖度能够直观地反映一个地区绿的程度，是反映植被生长状态的重要指标。

$$f_c = 1 - e^{-0.5LAI} \tag{4-21}$$

式中：f_c 为植被覆盖度；LAI 为叶面积指数。

2. 高程 DEM

数字高程模型(digital elevation model,DEM),利用有序、有限的位置高程数值矩阵实现对地球表面高程状态的数字化模拟,是建立数字地形模型(digital terrain model,DTM)的基础。ASTER GDEM 数据由日本 METI 和美国 NASA 联合研制并免费面向公众分发。2019 年 8 月 5 日,NASA 和 METI 共同发布了 ASTER GDEM V3 版本,在 V2 的基础之上,新增了 36 万光学立体像对数据,主要用于减少高程值空白区域、水域数值异常。

3. 植被高度与叶面有效宽度

由于枣树、枸杞高度基本不变,故根据实地调查设置枣树高度 $h_c=4$ m,枸杞高度 $h_c=0.35$ m。农作物(小麦、玉米以及棉花)的高度随着生育期变化,如下式所示:

$$h_c = h_{min} + f_c \times (h_{max} - h_{min}) \tag{4-22}$$

式中:h_{min} 和 h_{max} 分别为生育期最小或最大植被高度,经过实地调查小麦:$h_{min}=0.1$ m、$h_{max}=1.0$ m,玉米:$h_{min}=0.1$ m、$h_{max}=2.5$ m,棉花:$h_{min}=0.1$ m、$h_{max}=1.0$ m。

叶面有效宽度随着植被覆盖度 f_c 变化,如下式所示:

$$\text{leaf\_width} = W_{max} \times f_c \tag{4-23}$$

式中:W_{max} 为生育期最大叶面宽度,经过实地调查枣树最大叶面宽度 $W_{max}=0.03$ m,枸杞最大叶面宽度 $W_{max}=0.005$ m,玉米最大叶面宽度 $W_{max}=0.07$ m,小麦最大叶面宽度 $W_{max}=0.015$ m。

4. 植被绿度

$$f_g = \begin{cases} f_{PAR} & (\text{其他时段}) \\ 0.8 & (\text{植被旺盛期}) \end{cases} \tag{4-24}$$

式中:f_g 为植被绿度;f_{PAR} 为光合有效辐射。

4.2.3　结果与分析

4.2.3.1　灌区蒸散发遥感反演和验证

为评估 TSEB 模型模拟蒸散发的可靠性,研究采用布设在研究区的波文比系统(bowen ratio/energy balance method,BREB)对模型模拟的瞬时潜热进行验证和评估。同时,为保证地面观测与遥感模拟的瞬时潜热在时间上的一致性,选择北京时间上午 11:00 的波文比系统观测数据。

BREB 法是目前计算蒸散发较为可靠的方法,主要特点是方法简单、精度较高。BREB 法中假设了 $K_h=K_v$,所以在计算过程中只要计算 β,而不需要计算 K_h 和 K_v,由此使问题大为简化。事实上,多数情况下 K_h、K_v 是相等或近似相等的,这就保证了 BREB 法的精度。

从图 4-9 可以看出,基于波文比-能量平衡法的潜热通量与 TSEB 模型估算的潜热通量时间变化特征和趋势较为吻合,且 LE 整体趋势为先增大后减小的单峰形态,7 月作物生长最茂盛,潜热通量最大。从图 4-10 可以看出,由波文比-能量平衡法的潜热通量与 TSEB 模型遥感潜热通量组成的散点分布在 1:1线附近,LE_{bowen} 与 LE_{remote} 的均方根误差(RMSE)为 93.812 W/m^2,R^2 为 0.547,表明 TSEB 模型估算的潜热通量与观测值较为一致,反映出该模型在若羌河灌区估算潜热通量具有较好的适用性。

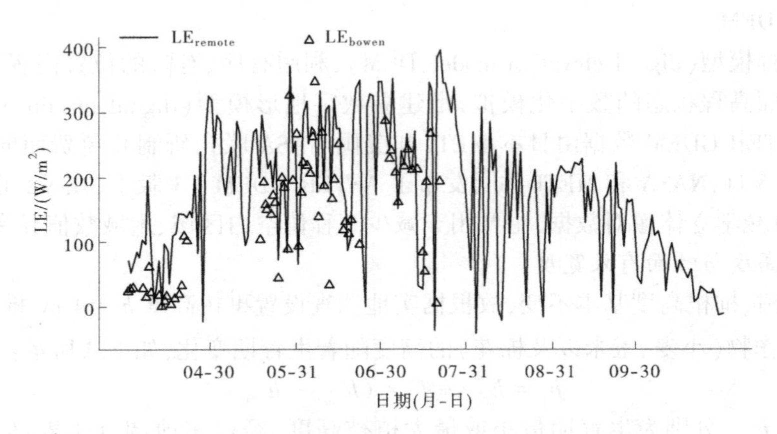

图 4-9 遥感模拟 LE 与波文比 LE 时间序列变化对比

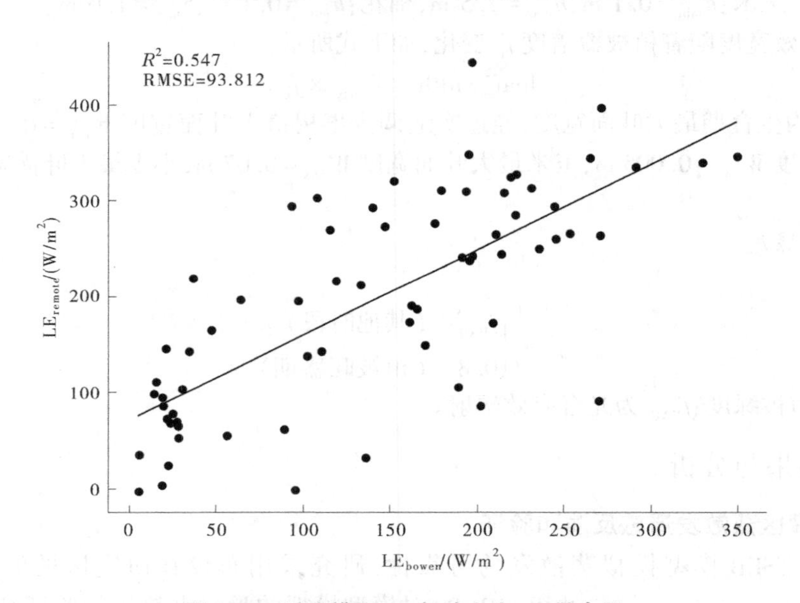

图 4-10 遥感模拟 LE 与波文比 LE 散点图

4.2.3.2 灌区蒸散发时空变化

1. 站点蒸散发时间变化趋势

根据图 4-11 中 TSEB 模型遥感蒸散发时间变化可知,枣树蒸散发的整体趋势呈先增大后减小的单峰形态,生育期内总蒸散发量达到 629.8 mm。其中,7 月作物生长最为茂盛,蒸散发量最大,达到了 6 mm/d 左右。

2. 灌区蒸散发空间分布

附图 2 和附图 3 分别为若羌河灌区生育期内逐月和生育期 4—10 月总蒸散发空间分布。从附图 2 可看出,随着植被生长、气温回升以及作物灌溉,4—10 月蒸散发呈先增大后减小趋势,在作物生长初期的 4 月和 5 月蒸散发较低,6 月和 7 月灌溉较为密集,同时气温较高,蒸散发达到最大,作物生育后期的 8—10 月,蒸散发呈减小趋势。

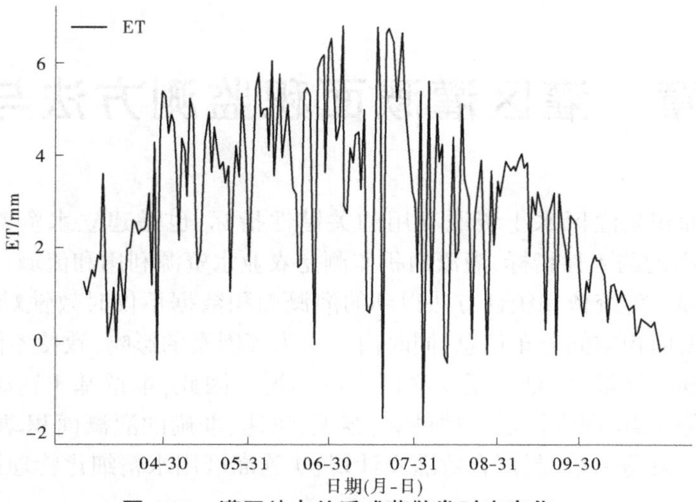

图 4-11　灌区站点处遥感蒸散发时序变化

由附图 3 可以看出,若羌河灌区 4—10 月总蒸散发在 41～835 mm 变化,蒸散发数值较大区域主要集中在植被分布较密集的灌区中部,生育期内作物蒸散发最大值达到 800 mm 左右,而灌区周边植被覆盖度较低,植被稀疏或为荒地,蒸散发相对较低。

参考文献

白亮亮,蔡甲冰,刘钰,等,2015. 灌区种植结构时空变化及其与地下水相关性分析[J]. 农业机械学报,47(9):202-211.

蔡甲冰,刘钰,白亮亮,等,2015. 低功耗经济型区域墒情实时监测系[J]. 农业工程学报,31(20):88-94.

BRUTSAERT W,1975. On a derivable formula for long-wave radiation from clear skies [J]. Water Resources Research,11: 742-744.

CHOUDHURY B J, MONTEITH J L,1988. A four-layers model for the heat budget of homogeneous land surfaces [J]. Quarterly Journal of the Meteorological Society,114: 373-398.

Norman J M , Kustas W P , Humes K S,1995. Source approach for estimating soil and vegetation energy fluxes in observations of directional radiometric surface temperature[J]. Agricultural and Forest Meteorology,77(3-4):263-293.

SU Z,2002. The surface energy balance system (SEBS) for estimation of turbulent heat fluxes [J]. Hydrology and Earth System Sciences,6: 85-99.

YANG Y T, SHANG S H, JIANG L,2012. Remote sensing temporal and spatial patterns of evapotranspiration and the responses to water management in a large irrigation district of North China [J]. Agricultural and Forest Meteorology,164:112-122.

ZHU X L, CHEN J, GAO F, et al. ,2010. An enhanced spatial and temporal adaptive reflectance fusion model for complex heterogeneous regions [J]. Remote Sensing of Environment,114:2610-2623.

第 5 章　灌区灌溉面积监测方法与应用

实际灌溉面积是灌区水土资源利用的关键性指标,也是建立水资源刚性约束制度"以水定地"原则的约束性指标,灌溉面积监测是农业水资源利用和流域(区域)水资源管理等应用的基础。传统依靠统计方法得到的灌溉面积数据不仅时效性难以满足要求,而且不能提供灌溉面积空间分布信息;同时由于人为等因素的影响,致使不同部门统计上报的灌溉面积数据差异较大,难以反映灌区实际情况。因此,本章基于遥感技术具有的快速、经济、全局等优点,探索构建一种科学、客观、快速、准确的灌溉面积动态监测技术,为灌区准确预测灌溉需水量、制订有效灌溉计划、实施灌区用水精细化管理提供技术支持。

5.1　基于多源数据融合的灌溉面积监测方法研究

5.1.1　研究区概况

本研究区域为河北省石家庄市典型浅层地下水超采区的栾城、赵县和元氏县 3 个县(简称"石家庄三县")。研究区域气候属于温带半湿润半干旱大陆性季风气候,冬季寒冷少雪,夏季炎热多雨。多年平均降水量为 400~800 mm,降水主要集中在 4—9 月,占全年降水量的 83%~95%。研究区域土地利用类型见图 5-1,研究区域主要作物种植类型为冬小麦-夏玉米轮作,其中冬小麦灌溉时段主要为播种前底墒灌溉、拔节期灌溉、抽穗期灌溉和灌浆期灌溉,夏玉米灌溉时段主要为苗期灌溉、拔节期灌溉、抽雄期灌溉和灌浆期灌溉。

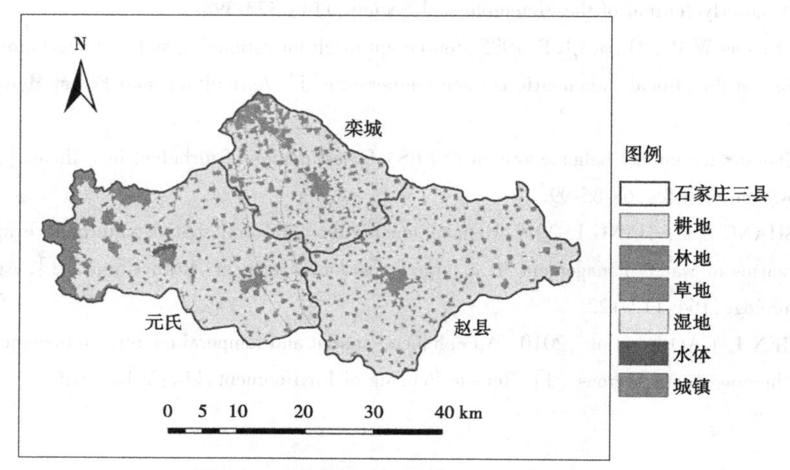

图 5-1　石家庄三县土地利用分布图

(注:土地利用类型采用自然资源部发布的 2010 年 30 m 全球地表覆盖数据)

5.1.2　研究方法和数据来源

5.1.2.1　数据融合

增强自适应时空融合算法(enhance spatial and temporal adaptive reflectance fusion model,ESTARFM)(Zhu et al., 2010)可以有效互补不同遥感数据源的优势。该方法通过对不同遥感数据源进行空间降尺度,生成适宜的时间和空间分辨率影像,如地表反射率和地表温度等地表参数,以满足研究区域对高时空分辨率地表参数的需求(岩腊 等,2020)。

该算法考虑了临近像元与目标像元之间的光谱距离权重、空间距离权重和时间距离权重,通过临近相似像元的光谱信息来预测目标像元的辐射值。该算法利用与预测时期相邻 2 个时期的高分辨率影像和低分辨率影像以及预测时期低分辨影像共同生成预测时期的高分辨率影像。最终预测时期高分辨率影像的计算式为

$$L_k(x_{w/2}, y_{w/2}, t_p) = L(x_{w/2}, y_{w/2}, t_k) + \sum_{i=1}^{N} W_i V_i [M(x_i, y_i, t_p) - M(x_i, y_i, t_k)] \quad (k = m, n) \tag{5-1}$$

$$L(x_{w/2}, y_{w/2}, t_p) = T_m L_m(x_{w/2}, y_{w/2}, t_p) + T_n L_n(x_{w/2}, y_{w/2}, t_p) \tag{5-2}$$

$$T_k = \frac{1/\left|\sum_{j=1}^{w}\sum_{i=1}^{w} M(x_j, y_i, t_k) - \sum_{j=1}^{w}\sum_{i=1}^{w} M(x_j, y_i, t_p)\right|}{\sum_{k=m,n}\left(1/\left|\sum_{j=1}^{w}\sum_{i=1}^{w} M(x_j, y_i, t_k) - \sum_{j=1}^{w}\sum_{i=1}^{w} M(x_j, y_i, t_p)\right|\right)} \quad (k = m, n) \tag{5-3}$$

式中:w 为相似像元搜索窗口;$(x_w/2, y_w/2)$ 为中心像元位置;(x_i, y_i) 为第 i 个相似像元;$L(x_w/2, y_w/2, t_k)$ 和 $M(x_i, y_i, t_k)$ 为 $k(k=m,n)$ 时期 Landsat 高分辨率影像和 MODIS 低分辨率影像;$L_m(x_w/2, y_w/2, t_p)$ 和 $L_n(x_w/2, y_w/2, t_p)$ 为 t_m 和 t_n 时期高、低分辨率影像共同预测的 t_p 时期高分辨率影像;$L(x_w/2, y_w/2, t_p)$ 为最终预测时期高分辨率影像;V_i 为转换系数;T_m 和 T_n 分别为 t_m 和 t_n 时期的时间权重因子;W_i 为综合权重因子。

5.1.2.2　土壤水分及灌溉面积监测

地表温度(land surface temperature, LST)和植被指数(normalized difference vegetation index, NDVI)特征空间存在一系列土壤湿度等值线,即不同水分条件下地表温度与植被指数的斜率(Sandholt et al., 2002; 赵杰鹏 等,2011),在此基础上获取温度植被干旱指数(temperature vegetation dryness index, TVDI)。该指数具有一定的物理基础,并且受影像空间分辨率影响不大,能更准确地反应干旱信息。TVDI 可定义为

$$\mathrm{TVDI} = \frac{T_s - T_{s\min}}{T_{s\max} - T_{s\min}} \tag{5-4}$$

$$T_{s\min} = a_1 + b_1 \cdot \mathrm{NDVI} \tag{5-5}$$

$$T_{s\max} = a_2 + b_2 \cdot \mathrm{NDVI} \tag{5-6}$$

式中:T_s 为任意像元的地表温度;$T_{s\min}$ 为某一 NDVI 对应的最低温度,对应湿边;$T_{s\max}$ 为某一 NDVI 对应的最高温度,对应干边;a_1、b_1 为湿边方程的拟合系数;a_2、b_2 为干边方程的拟合系数。

TVDI 在[0,1],当(NDVI,LST)越接近于干边时,下垫面土壤越干燥,在干边上时,

TVDI = 1；当(NDVI，LST)越接近湿边时，下垫面越湿润，在湿边上时，TVDI = 0。

联立式(5-4)～式(5-6)可以计算温度植被干旱指数 TVDI：

$$\mathrm{TVDI} = \frac{T_s - (a_1 + b_1 \cdot \mathrm{NDVI})}{(a_2 + b_2 \cdot \mathrm{NDVI}) - (a_1 + b_1 \cdot \mathrm{NDVI})} \tag{5-7}$$

在温度-植被特征空间中，土壤湿度等值线相交于干边与湿边的交点，该直线斜率与土壤湿度之间呈线性关系。表层土壤湿度(surface soil moisture，SSM)可通过下式计算得到：

$$\mathrm{SSM} = a_1 + b_1 \frac{h}{H} \tag{5-8}$$

式中：SSM 为土壤湿度，cm^3/cm^3；h/H 为直线斜率 TVDI；a_1 和 b_1 可通过线性回归得到。

像元到干、湿边的距离和干、湿边的土壤湿度值有

$$\frac{\mathrm{SSM_{max}} - \mathrm{SSM}}{\mathrm{SSM_{max}} - \mathrm{SSM_{min}}} = \frac{T_s - T_{s\,min}}{T_{s\,max} - T_{s\,min}} \tag{5-9}$$

则土壤湿度可表达为

$$\begin{aligned} \mathrm{SSM} &= \mathrm{SSM_{max}} - \frac{T_s - T_{s\,min}}{T_{s\,max} - T_{s\,min}}(\mathrm{SSM_{max}} - \mathrm{SSM_{min}}) \\ &= \mathrm{SSM}_W - \mathrm{TVDI}(\mathrm{SSM}_W - \mathrm{SSM}_D) \\ &= a \cdot \mathrm{TVDI} + b \end{aligned} \tag{5-10}$$

式中：SSM 为任一像元的土壤湿度，cm^3/cm^3；$(T_s - T_{s\,min})/(T_{s\,max} - T_{s\,min})$ 为温度植被指数；$\mathrm{SSM_{max}}$ 为土壤湿度最大值，cm^3/cm^3；$\mathrm{SSM_{min}}$ 为土壤湿度最小值，cm^3/cm^3，为永久凋萎点。

假设各次灌溉时段范围内无灌溉发生，根据时段内降水资料，以时段初遥感土壤水分值 SSM_t 为初始值，根据土壤水分衰减函数，推求段末土壤水分值 SSM_{t+n}：

$$\mathrm{SSM}_{t+n} = cW_0 t^{-m}/100 \tag{5-11}$$

若 $\mathrm{SSM'}_{t+n} - \mathrm{SSM}_{t+n} > D_{阈值}$，则时段内发生灌溉。

式中：SSM_{t+n} 为时段末估算的土壤湿度，cm^3/cm^3；$\mathrm{SSM'}_{t+n}$ 为时段末遥感土壤湿度，cm^3/cm^3；W_0 为初始土壤水储量，cm^3；c 为常数；m 为衰减系数；t 为时间，d；$D_{阈值}$ 根据不同作物、不同生育期来确定，通过试验资料确定。

5.1.3 结果与分析

5.1.3.1 植被指数和地表温度降尺度

图 5-2 为 2018 年 5 月 13 日 MODIS NDVI 和 LST 空间分布图，图 5-3 为同期融合后 NDVI 和 LST 空间分布图。融合后的 NDVI 和 LST，通过融合 Landsat 4 月 25 日、6 月 12 日和 MODIS 4 月 25 日、5 月 13 日和 6 月 12 日 5 景影像共同生成，其中每景影像包括红 Red、近红外 Near 和地表温度 LST 三个波段，融合后 NDVI 空间分布图由融合后红、近红外波段计算所得。

由图 5-3 可看出融合后的植被指数空间纹理信息更加丰富，且与融合前 MODIS 植被指数空间相对差异性一致，中部平原 NDVI 高于西部山区，农田 NDVI 大于城镇乡村，融合结果较好。同样，与 MODIS 地表温度空间分布图相比，融合后的地表温度空间纹理信息更加丰富，与融合前 MODIS 地表温度空间相对差异性一致，地表温度高值区域出现在西

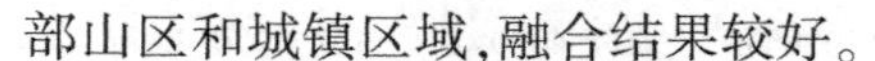
部山区和城镇区域,融合结果较好。

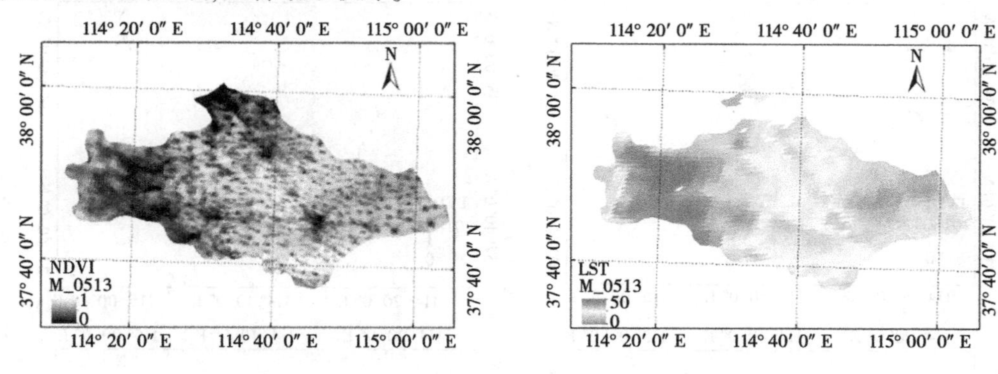

图 5-2　MODIS 植被指数和地表温度空间分布

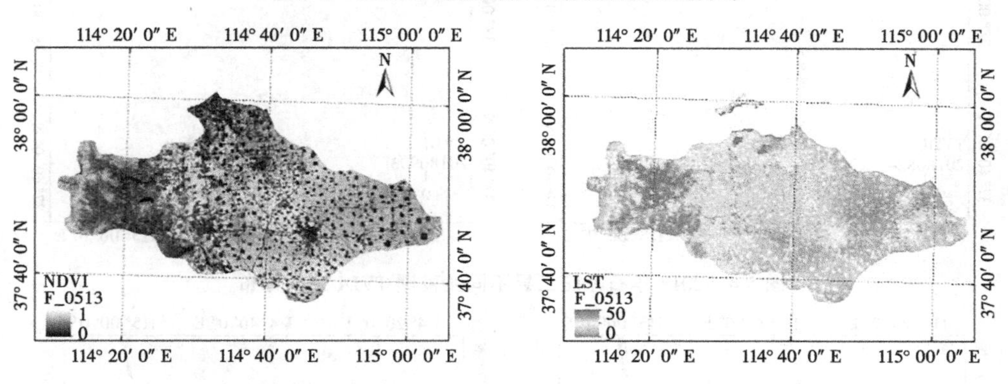

图 5-3　融合后植被指数和地表温度空间分布

5.1.3.2　土壤水分空间分布

图 5-4 为部分晴空日期温度植被干旱指数空间分布。基于构建的高分辨率 NDVI 和 LST 数据集,进一步获取了生育期内 2018 年 7 月 21 日、8 月 20 日、8 月 24 日和 9 月 3 日的 TVDI 空间分布。图 5-5 是石家庄三县同期 0~10 cm 表层土壤水分空间分布,空间分辨率为 30 m。由于灌溉作用以及植被覆盖较密、土壤蒸发程度较低,耕地区域表层土壤含水率相对较高,西部山区土壤含水率明显低于平原区。同时,可以看出土壤水分空间分布与 TVDI 呈负相关。TVDI 值较大,表明该区域土壤含水率相对较低。TVDI 值较小,表明该区域土壤含水率相对较高。

5.1.3.3　灌溉面积空间分布

图 5-6 是根据灌溉时段内土壤水分变化提取的 2018 年石家庄三县小麦季和玉米季灌溉面积分布。表 5-1 和表 5-2 为石家庄三县不同作物灌溉面积统计以及灌溉面积占比。其中,栾城小麦季灌溉面积占到 62.66%,玉米季灌溉面积占到 48.47%;赵县小麦季灌溉面积占 83.07%,玉米季灌溉面积占 22.76%;元氏小麦季灌溉面积占 56.04%,玉米季灌溉面积占 58.33%。栾城、赵县和元氏总灌溉面积分别为 50.99 万亩、72.26 万亩和 70.68 万亩,灌溉面积占比分别为 87.46%、89.80%和 84.20%(见表 5-3)。

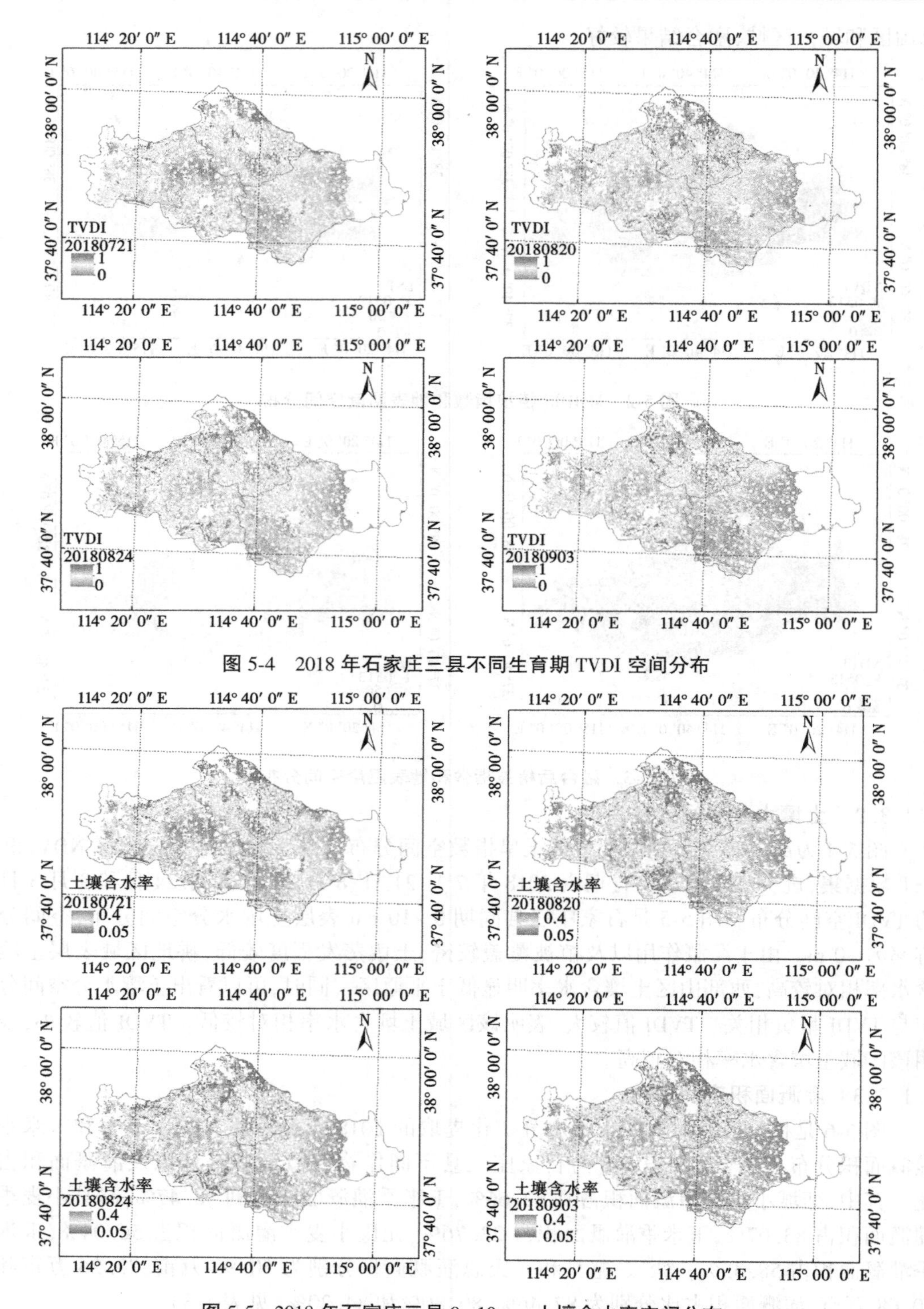

图 5-4 2018 年石家庄三县不同生育期 TVDI 空间分布

图 5-5 2018 年石家庄三县 0~10 cm 土壤含水率空间分布

表 5-1 2018 年石家庄三县小麦季灌溉面积统计以及灌溉面积占比

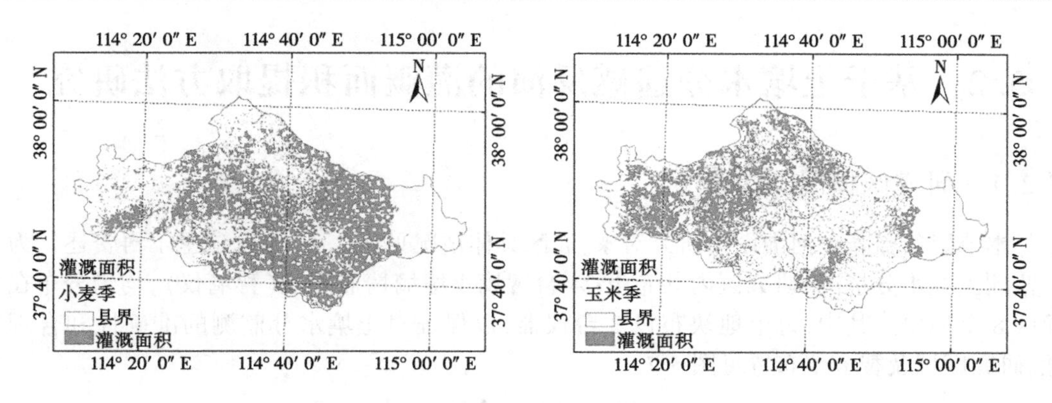

图 5-6　2018 年石家庄三县灌溉面积分布

县域	像元个数	灌溉面积/万亩	总耕地面积/万亩	灌溉面积占比/%
栾城	270 716	36.53	58.30	62.66
赵县	495 364	66.84	80.46	83.07
元氏	348 613	47.04	83.94	56.04

表 5-2　2018 年石家庄三县玉米季灌溉面积统计以及灌溉面积占比

县域	像元个数	灌溉面积/万亩	总耕地面积/万亩	灌溉面积占比/%
栾城	209 442	28.26	58.30	48.47
赵县	135 672	18.31	80.46	22.76
元氏	362 813	48.96	83.94	58.33

表 5-3　2018 年石家庄三县总灌溉面积统计以及灌溉面积占比

县域	像元个数	灌溉面积/万亩	总耕地面积/万亩	灌溉面积占比/%
栾城	377 866	50.99	58.30	87.46
赵县	535 504	72.26	80.46	89.80
元氏	523 833	70.68	83.94	84.20

5.1.4　讨论与结论

本研究采用晴空日高分辨率 Landsat 可见光-近红外遥感影像(~30 m),通过 ESTARFM 数据融合算法,对同期 MODIS 中分辨率 MOD09GQ(~250 m)地表反射率和低分辨率 MOD11A1(~1 000 m)地表温度进行降尺度,从而构建了高时空分辨率温度-植被干旱指数,并估算了研究区域表层土壤水分和实际灌溉面积。研究提出的基于多源数据融合的灌溉面积提取方法,可弥补现有灌溉面积统计方法时效性差、无法获取空间信息的不足,可应用于大范围实际灌溉面积提取,对地下水超采区最严格水资源管理制度实施具有重要意义。

5.2 基于土壤水分遥感反演的灌溉面积提取方法研究

5.2.1 研究区概况

本节以新疆若羌河灌区为研究对象,灌区具体情况见 4.2.1 小节,这里不再赘述。为了监测土壤水分情况,研究区内共布设 24 台智墒土壤墒情监测仪(智墒仪),均匀分布在灌区 8 个地块。其中,每个地块布设 3 台仪器,以保证对土壤水分监测的准确性和合理性,研究区域及智墒仪布置见图 5-7。

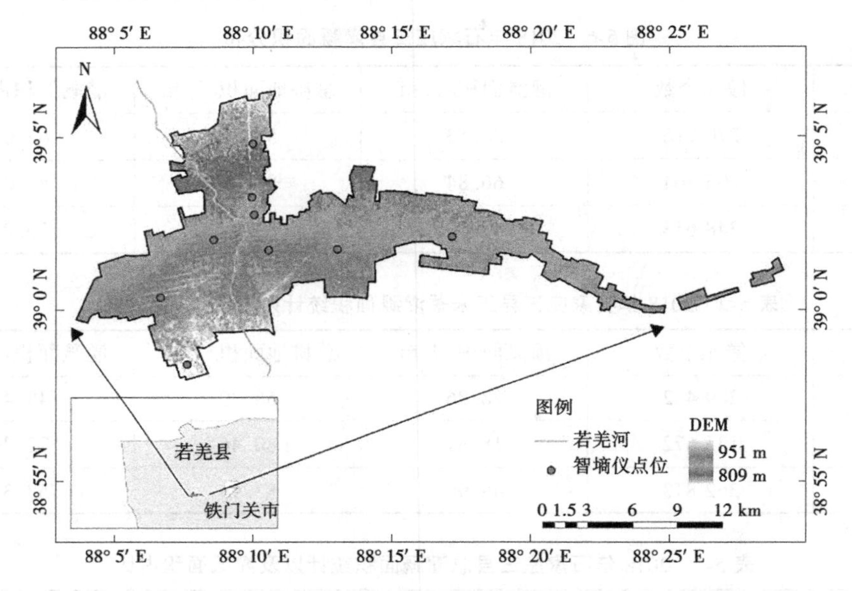

图 5-7　若羌河灌区和智墒仪分布示意

5.2.2 研究方法和数据来源

5.2.2.1 研究方法

首先,通过多源数据融合关键技术获取田块尺度(30 m)的植被指数和地表温度构建高时空分辨率地表数据集,其次基于构建的高时空分辨率地表数据集,与其他输入变量共同构建随机森林模型,以获取生育期内不同作物逐日 30 m 空间分辨率表层土壤水分,最后结合灌区种植结构,通过土壤水分时间序列突变点提取不同作物实际灌溉面积。本节中获得时空连续土壤水分技术路线如图 5-8 所示。

随机森林模型是非参数化的决策树模型,由于该模型是一种非参数化的模型,因此可以通过增加更多的样本和变量来约束和改善模型。此外,该模型在训练阶段对样本和变量进行随机选择,对异常值不敏感,被广泛用于微波土壤水分的降尺度研究。随机森林模型的基本原理是基于回归树建立输入变量与输出土壤水分之间的非线性关系:

$$SSM_0 = f_{RF}(C) + \varepsilon \tag{5-12}$$

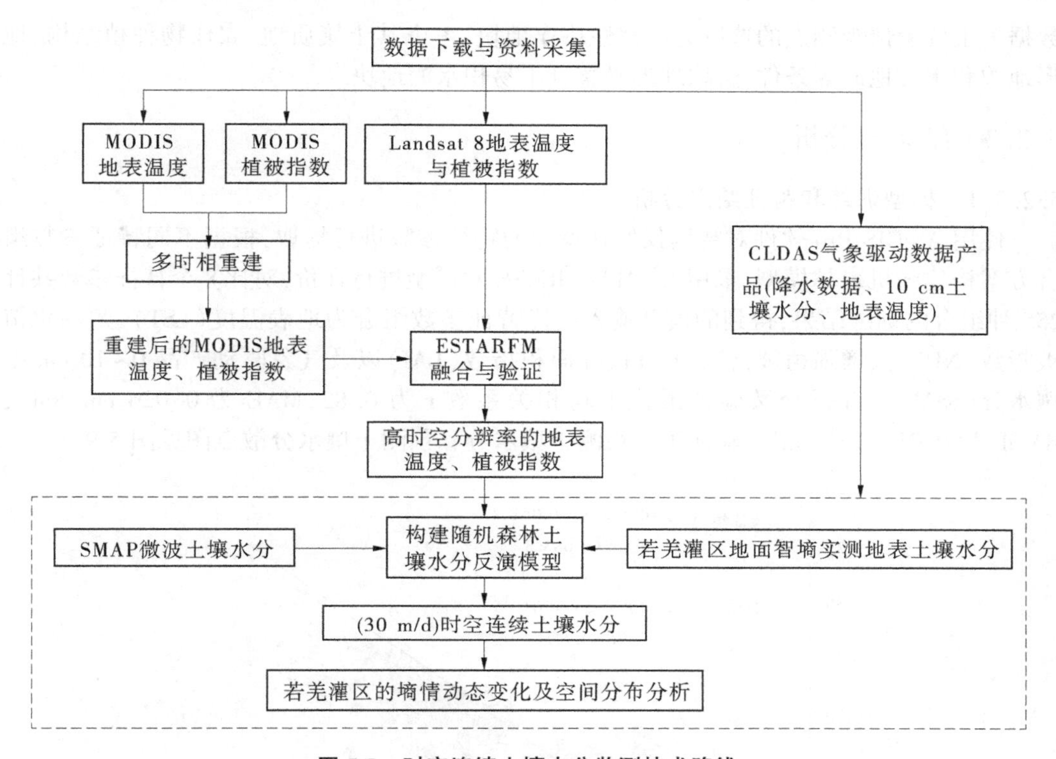

图 5-8　时空连续土壤水分监测技术路线

$$C = (\mathrm{LST}, \mathrm{NDVI}, \mathrm{SMAP\ SSM}) \tag{5-13}$$

式中：SSM_0 为地面观测的表层土壤水分；C 为输入变量的向量，即地表温度、植被指数、SMAP 为土壤水分；f_{RF} 为输入变量和观测土壤水分之间的非线性关系；ε 为模型的随机误差。

当采用单一决策树模型时易产生过拟合现象，而随机森林模型中采用多个决策树对输入样本和变量进行随机选择，有效解决了模型过拟合的问题。同时，随机森林模型通过对多个回归树的结果进行平均，提高了模型的泛化能力：

$$p(\mathrm{SSM_0} \mid C) = \frac{1}{m}\sum_{i=1}^{m} p_i(\mathrm{SSM_0} \mid C) \tag{5-14}$$

式中：$p(\mathrm{SSM_0} | C)$ 为多个决策树集合；$p_i(\mathrm{SSM_0} | C)$ 为基于训练样本和观测土壤水分的子决策树；m 为决策树个数。

5.2.2.2　数据来源

本研究区域中4—9月 MODIS 地表温度产品 MOD11A1(1 km/1 d)、植被指数产品 MOD13Q1(250 m/16 d)、地表反射率产品 MOD09GA(500 m/1 d)、SMAP 微波土壤水分影像(9 km/3 h)、MCD12Q1 土地覆盖类型产品通过美国航空航天局(NASA)官网获取；同期 Landsat 8 OLI C2L2(30 m/8 d)影像通过美国地质调查局(USGS)官网下载；CLDAS V2.0 降雨、地表温度以及 0~10 cm 土壤水分数据(6.25 km/1 h)通过国家气象中心获取。

若羌河灌区共布设了 8 个墒情观测点(每个点位埋设 3 套智墒仪观测设备)，可对 0~100 cm 深度土壤水分进行连续监测，本研究选取了埋深为 10 cm 的逐日表层土壤水分数据。土壤墒情观测点的选取为代表性耕作地块,考虑其土壤质地、农作物种植结构、地形地貌和水文地质等条件,选取地形平整且不易积水的地块。

5.2.3　结果与分析

5.2.3.1　模型训练和验证结果分析

使用 ArcGIS Pro 软件对智墒仪所在像元的特征参数进行提取,根据不同特征参数组合方案构建随机森林模型,采用 R^2、MAE、RMSE 对模型进行评价,对比 8 个特征参数共计 255 种组合的训练结果,得到的模型输入最优特征参数组合为地表温度(LST)、归一化植被指数(NDVI)、增强植被指数(EVI)、叶面积指数(LAI)以及气象驱动产品 0~10 cm 土壤水分(SSM)。五折交叉验证最优平均相关系数 r 为 0.82,MAE 为 0.026 cm^3/cm^3,RMSE 为 0.037 cm^3/cm^3。验证集中观测土壤水分和预测土壤水分散点图见图 5-9。

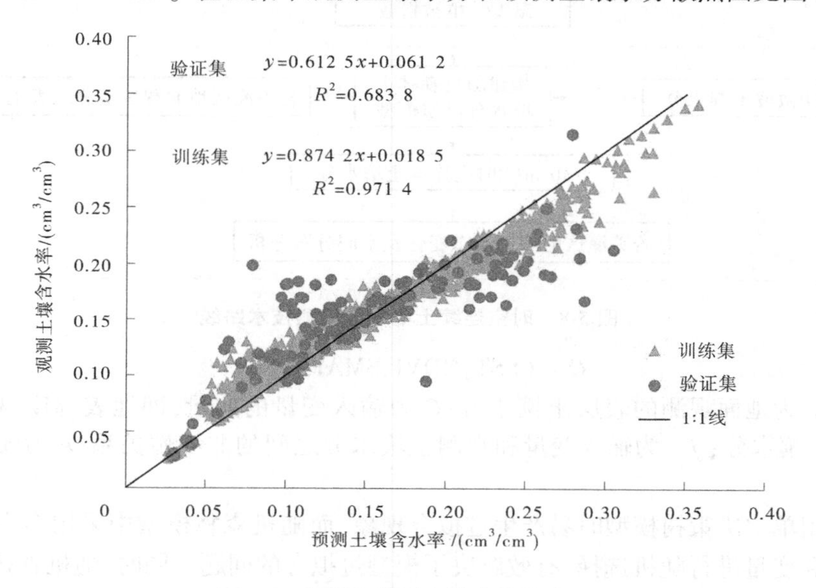

图 5-9　预测和观测土壤水分散点图

5.2.3.2　土壤水分时空分布特征

若羌河灌区地势较平坦,土壤水分在空间上受地形地势影响较小,土壤水分空间分布差异化主要受种植结构、不同作物的灌溉周期、灌水量等因素影响。本研究中分别提取了 4 月 15 日、5 月 15 日、6 月 15 日、7 月 15 日、8 月 15 日和 9 月 15 日地表温度和土壤水分进行分析,地表温度与土壤水分空间分布如附图 4、附图 5 所示。

在空间分布上,地表温度较低的区域主要集中在若羌河两侧,灌区北部地表温度高于整个灌区平均温度,主要由于该区域作物覆盖较为稀疏;土壤水分在空间上分布较均衡,在灌区西南、西北以及最东侧几处区域保持在低值水平,该区域发生灌溉的可能性较小。由于城镇主要集中在灌区南侧,除部分绿化带、行道树外地表温度均高于耕地区域且土壤水分均处于较低值,地表温度高值区域与土壤水分低值区域表现为相一致的关系。

在时间变化上,从 4 月初开始灌区温度开始回升,随后呈波动上升趋势,夏季 8 月灌区平均地表温度达到最大,维持至 8 月中下旬开始下降;由于灌区未进行灌溉,土壤水分在 4 月处于较低值水平。随着灌区主要作物枣树、枸杞、棉花、玉米以及小麦的灌溉,灌区土壤水分在 5—8 月表现为明显上升趋势,并保持在较高值水平。进入 9—10 月,不同作物进入收获期,灌溉减少,土壤水分呈逐渐减小的趋势。

5.2.3.3　灌溉面积提取结果

通过对土壤水分反演结果和时序变化的分析,当地块土壤水分在相邻两日之间的变化达到一定阈值则认为发生灌溉,并以此提取出灌区灌溉面积。结合已有多个智墒设备的观测数据,对部分站点生育期土壤水分时序变化作图(见图 5-10、图 5-11)进行分析,由于在灌溉前后,土壤含水率会存在一个突变,综合考虑反演精度和不同地块实际灌溉情况的差异性,当土壤含水率在两日间的差异达到 10%时认为发生灌溉。

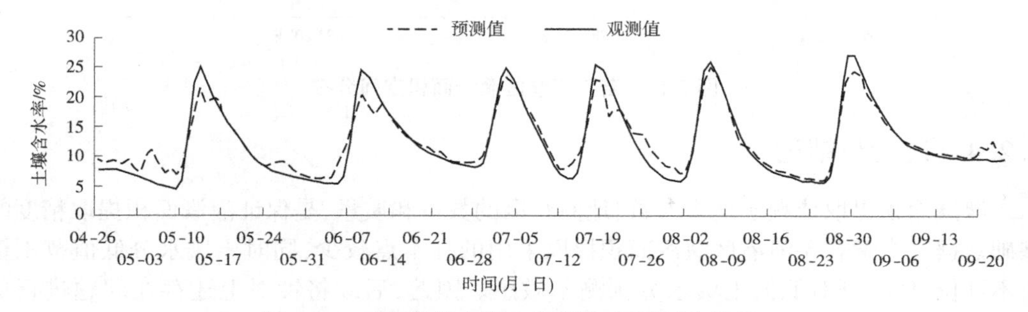

图 5-10　吐鲁番村土壤水分观测-预测时序变化

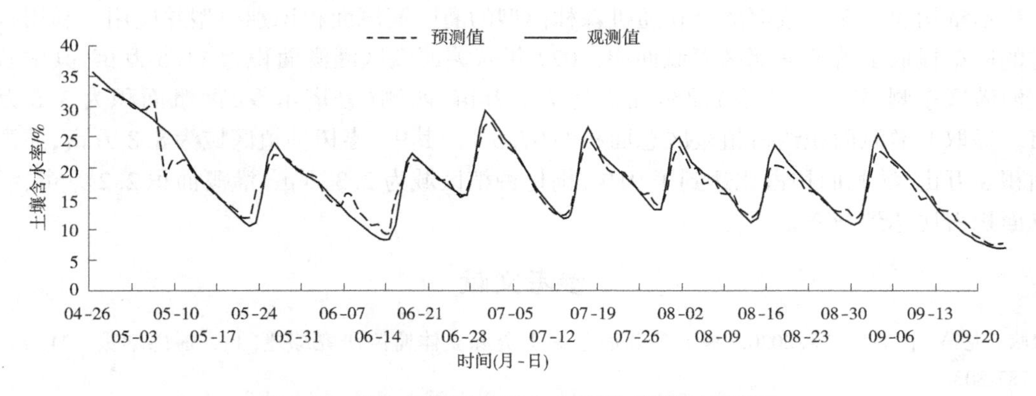

图 5-11　努尔巴格村土壤水分观测-预测时序变化

将反演得到的整个生育期土壤水分影像转为数组并堆叠,得到一个三维数组,在第三维对所有像元相邻日期的土壤含水率的变化值与所设定阈值进行比较,小于阈值即未发生灌溉,大于阈值则在两日之间发生了灌溉,最终提取得到灌区实际灌溉面积。2022 年若羌河灌区灌溉面积空间分布如图 5-12 所示。

通过遥感方法提取的若羌河灌区灌溉面积为 11.5 万亩,其中灌区东侧(铁干里克乡)灌溉面积为 7.7 万亩,西侧(吾塔木乡)灌溉面积为 3.8 万亩。若羌河灌区种植结构分类所得植被区面积为 11.8 万亩,提取的灌溉面积约占植被区总面积的 97.5%。其中,枣树种植区域为 8.8 万亩,灌溉面积 8 万亩,灌溉面积占比达到 91%;枸杞种植区域为 2.3 万亩,灌溉面积 2.2 万亩,灌溉面积占比达到 96%。

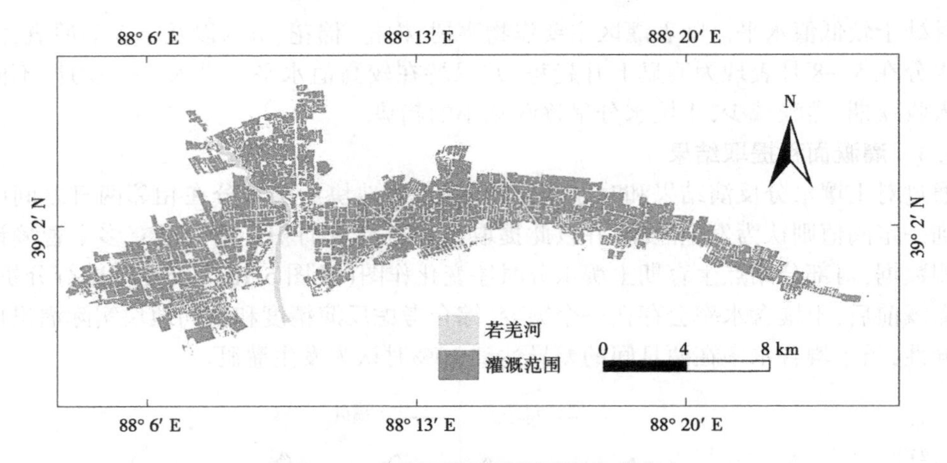

图 5-12 若羌河灌区灌溉面积空间分布

5.2.4 讨论与结论

灌溉面积提取依赖于地表参数、地面观测的数量和质量,是保证灌溉面积提取精度的基础数据。本章若羌河灌区灌溉面积提取采用的样本点较少,同时土壤水分低值范围覆盖不到位,使模型对低值土壤水分预测不敏感。因此,后续将针对上述存在问题进行优化,采用更合理的布设方案对土壤水分进行监测。

本章构建了多源数据融合和随机森林模型的灌区灌溉面积识别模型并应用。利用构建的模型提取了若羌河灌区灌溉面积,2022 年若羌河灌区灌溉面积为 11.5 万亩,其中若羌河灌区东侧(铁干里克乡)灌溉面积为 7.7 万亩,西侧(吾塔木乡)灌溉面积为 3.8 万亩。提取的灌溉面积约占植被区总面积的 97.5%。其中,枣树种植区域为 8.8 万亩,灌溉面积 8 万亩,灌溉面积占比达到了 91%;枸杞种植区域为 2.3 万亩,灌溉面积 2.2 万亩,灌溉面积占比达到 96%。

参考文献

岩腊, 龙笛, 白亮亮,等,2020. 基于多源信息的水资源立体监测研究综述[J]. 遥感学报, 24(7):787-803.

赵杰鹏, 张显峰, 廖春华,等,2011. 基于 TVDI 的大范围干旱区土壤水分遥感反演模型研究[J]. 遥感技术与应用,26(6):742-750.

Sandholt I, Rasmussen K, Andersen J,2020. A simple interpretation of the surface temperature/vegetation index space for assessment of surface moisture status[J]. Remote Sensing of environment, 79(2-3):213-224.

Zhu X L, Chen J, Gao F, et al. ,2010. Remote Sending of Enrironment. An enhanced spatial and temporal adaptive reflectance fusion model for complex heterogeneous regions[J]. Remote Sensing of Environment, 114(11): 2610-2623.

第 6 章　灌区灌溉水有效利用系数估算方法研究

灌溉水有效利用系数是综合反映灌溉用水效率、农业节水水平的重要指标,已连续多年纳入最严格水资源管理制度考核。本章以地面观测和遥感监测为基础,分别提出了基于遥感蒸散发模型、灌区水循环模型的灌溉水有效利用系数估算方法,并以新疆若羌河灌区、内蒙古河套灌区和河北石津灌区为例,对灌区灌溉水有效利用系数进行分析研究。

6.1　基于遥感的灌区灌溉水有效利用系数估算

6.1.1　研究区概况

本节仍以 4.2 节中的若羌河灌区为例进行分析。如图 6-1 所示,若羌河灌区可分为渠灌区和井灌区。考虑到井灌区量测水设施缺乏,而渠灌区分水口在灌溉期有专人进行水量统计。因此,以渠灌区为研究对象,利用遥感和地面观测信息,对 2022 年灌区灌溉水有效利用系数进行估算分析。

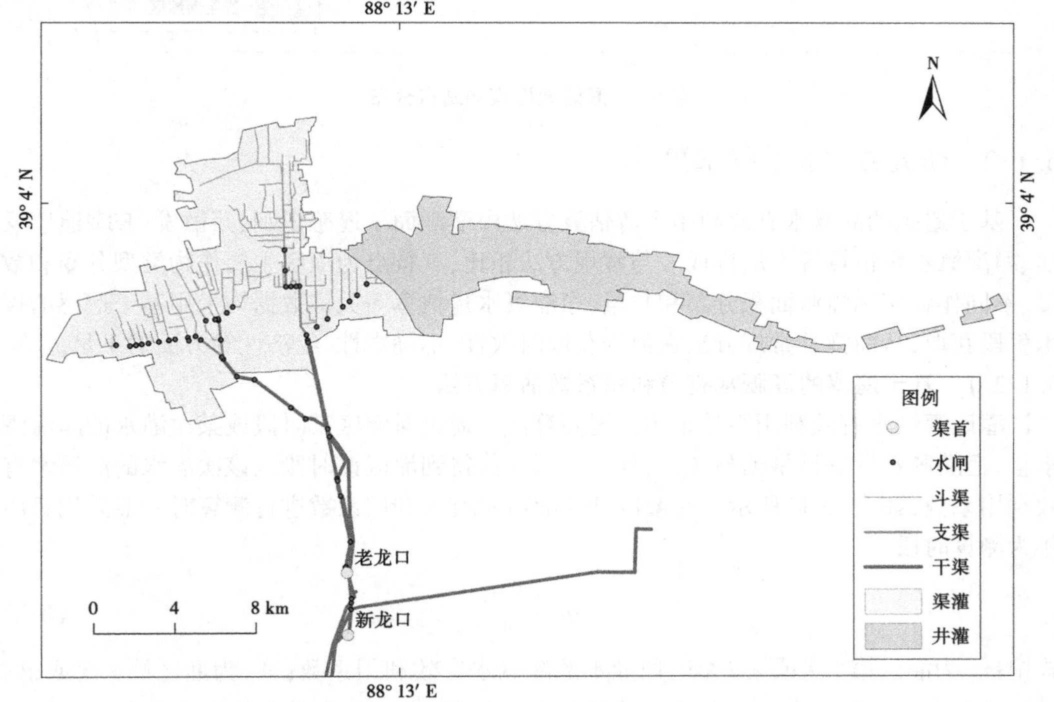

图 6-1　若羌河灌区位置示意

综合考虑灌区灌溉水源、作物类型以及观测设备运行维护等因素,优化布局地面观测站点,开展灌区气象要素、近地面水热通量、土壤墒情等实时信息观测。如图 6-2 所示,在灌区范围内共设置 9 处观测站点,其中自动气象观测站 1 处(编号 1)、波文比通量观测站 1 处(编号 6,含墒情监测)、土壤墒情观测点 7 处(每处含 3 个监测点)。

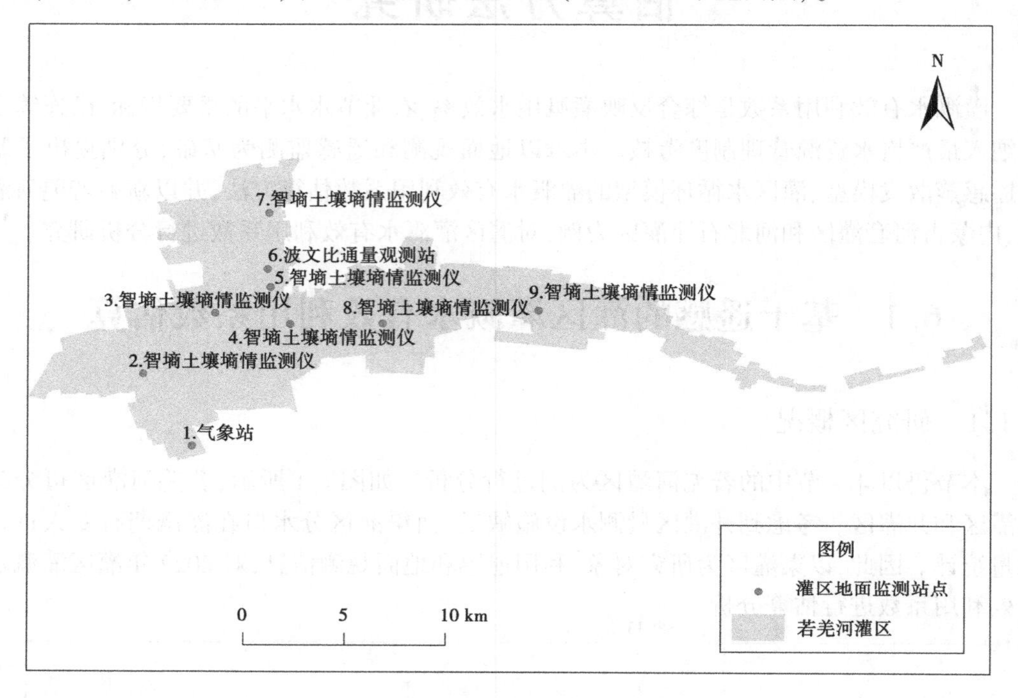

图 6-2 灌区地面观测站点分布

6.1.2 研究方法和数据来源

基于遥感的灌溉水有效利用系数估算方法由灌溉面积遥感识别、蒸散发(ET)遥感反演、净灌溉水量估算等方法构成。与常规方法相比,其特点为灌区主要作物类型分布和数量、不同作物实际灌溉面积分布和数量、净灌溉水量估算等关键数据均采用基于遥感的技术手段获取,从而弥补常规方法在数据获取时效性、不确定性、经济性等方面的不足。

6.1.2.1 基于遥感的灌溉水有效利用系数估算方法

灌区灌溉水有效利用系数采用首尾测算法。通过对灌区某时段或某次灌水的净灌溉水量、毛灌溉水量进行量测与统计,计算两者比值得到灌区该时段或该次灌水的灌溉水有效利用系数,如式(6-1)所示。对灌区某年灌溉水有效利用系数进行测算时一般采用日历年为测算时段。

$$\eta_i = \frac{W_{净i}}{W_i} \tag{6-1}$$

式中:η_i 为灌区第 i 次或第 i 个时段灌水的灌溉水有效利用系数;W_i 为灌区第 i 次或第 i 个时段灌水的毛灌溉水量,m^3;$W_{净i}$ 为灌区第 i 次或第 i 个时段灌水的净灌溉水量,m^3。

1. 毛灌溉水量测定

灌区毛灌溉水量通常由直接量测法获取，可按照《灌溉水利用率测定技术导则》(SL/Z 699—2015)中毛灌溉水量测定相关要求确定，这里不再赘述。

2. 净灌溉水量估算

如式(6-2)所示，根据农田水量平衡，对于农田区域可以将作物耗水量(蒸散发)分解为来自降水产生的蒸散发和来自灌溉产生的蒸散发，分别记为有效降水量$P_{有效}$和有效灌溉水量$W_{有效灌}$(卢诗卉 等，2021)：

$$ET_{农} = P_{有效} + W_{有效灌} \tag{6-2}$$

式中：$ET_{农}$为农田蒸散发，可以通过ET遥感反演模型获取灌区时空连续的蒸散发数据。结合灌区作物空间分布和作物生育期，通过掩膜可获取作物全生育期耗水量。

有效降水量在应用中可根据数据情况和使用目的，选择不同的计算方法。《灌溉用水定额编制导则》(GB/T 29404—2012)中推荐的有效降水量计算方法，如式(6-3)和式(6-4)所示；美国农业部土壤保持局推荐的有效降水量计算方法，如式(6-5)所示。

对旱地作物，计算时段可取1~10 d，按式(6-3)计算：

$$P_{有效} = \begin{cases} P & P \leqslant W_{fc} - W_{i-1} + ET_{ci} \\ W_{fc} - W_{i-1} + ET_{ci} & P > W_{fc} - W_{i-1} + ET_{ci} \end{cases} \tag{6-3}$$

式中：P为计算时段内总降水量，mm；$P_{有效}$为计算时段内有效降水量，mm；W_{fc}为根区最大储水深度，一般为田间持水量时的根区储水量，mm；W_{i-1}为计算时段初的土壤储水量，mm；ET_{ci}为计算时段内作物需水量，mm。

若没有土壤储水量实测数据的地区，可采用简化方法按式(6-4)计算10~20 d内的累积有效降水量：

$$P_{有效} = \begin{cases} P & P \leqslant ET_{c} \\ ET_{c} & P > ET_{c} \end{cases} \tag{6-4}$$

$$P_{日有效} = \begin{cases} \dfrac{P(4.17 - 0.2P)}{4.17} & P < 8.3\ \mathrm{mm/d} \\ 4.17 + 0.1P & P \geqslant 8.3\ \mathrm{mm/d} \end{cases} \tag{6-5}$$

式中：$P_{日有效}$为日有效降水量，mm/d；P为日总降水量，mm/d。

田间有效灌溉水量$W_{有效灌}$可认为是到达田间的灌溉水量中用于作物蒸散发消耗的水量，也就是灌区净灌溉水量$W_{净}$(灌入田间可被作物利用的水量)，可用式(6-6)表示。一般来说，田间灌溉水量略大于田间有效灌溉水量，在高效节水灌溉模式下，田间有效灌溉水量接近田间灌溉水量。

$$W_{净} = ET_{农} - P_{有效} \tag{6-6}$$

本节中$ET_{农}$来源于TSEB模型反演的灌区30 m分辨率逐日蒸散发数据，具体见4.2节，这里不再赘述。

6.1.2.2　典型地块净灌溉水量估算

利用智墒仪对8个典型地块地面以下100 cm内分层土壤含水率变化进行监测，分析确定灌水日期、灌水次数和估算典型地块净灌溉水量，为利用遥感信息进行灌区净灌溉水量估算提供验证。典型地块净灌溉水量计算公式如下：

$$I_i = S_{\max,i} - S_{\min,i} \tag{6-7}$$

式中：I_i 为第 i 次灌水的净灌溉水量，mm；$S_{\min,i}$ 为第 i 次灌水前 100 cm 土体内的最小储水量，mm；$S_{\max,i}$ 为第 i 次灌水后 100 cm 土体内的最大储水量，mm。

总灌溉量 I 的计算公式如式(6-8)所示：

$$I = \sum_{i=1} I_i \tag{6-8}$$

典型地块净灌溉水量由监测完整的 2~3 个智墒仪监测值求其平均得到。

6.1.3 结果与分析

6.1.3.1 典型地块土壤含水率变化规律及净灌溉水量估算

1. 土壤含水率数据预处理

将智墒仪观测数据进行预处理，对明显不合理的数据去除，插值或用临近智墒仪观测值进行补充。预处理主要有三种方式：一是对于短时段的零值数据采用三次样条线插值；二是对于较长时段多个监测深度同时出现问题的数据去除不用；三是对于表层 10 cm 观测土壤含水率远偏离实际值的数据，采用 20 cm 处的观测值代替。

以其中一个智墒仪(编号 540)为例，观测的土壤含水率预处理前后变化如图 6-3 所示。通过去掉一些突然变为零的数值点后，分层土壤含水率动态变化比预处理之前数据连续并且符合实际土壤含水率变化特征。

2. 土壤含水率变化规律

图 6-4 为典型地块观测期内智墒仪监测的分层土壤含水率变化曲线，可以看出该设备观测的各层土壤含水率变化规律基本一致，土壤含水率波动主要受灌溉影响，深层土壤对灌溉的响应略有滞后。灌溉发生后，各层土壤含水率明显上升，而后逐渐下降，直到下一次灌溉事件发生，土壤含水率再次发生突变。总体来看，各墒情观测点表层(10 cm 处)土壤含水率受灌溉影响最为剧烈，随着土壤深度增加，灌溉对土壤含水率变化影响逐渐减弱；此外，深层土壤含水率总体上高于浅层土壤含水率。

3. 灌溉量计算结果

对灌区各观测点的灌溉量、灌溉次数进行统计分析，图 6-5 为其中一个观测点的灌溉过程示意，以此为例进行阐述。

利用地面以下 100 cm 内土壤储水量对灌溉时间、净灌溉水量进行估计，将相邻波峰与波谷的差值视为灌溉量(临近时间土壤储水量变化差值小于 2 mm 视为土壤含水率正常波动)，储水量波谷发生的后一天视为发生灌溉时间。本方法仅考虑 0~100 cm 土层的土壤储水量变化。

从智墒仪观测的土壤含水率变化可知，从 4 月 26 日至 12 月 12 日，每个观测点发生灌溉次数相近，平均灌溉 7 次左右，灌溉发生集中在每月月初，枣树过了 9 月几乎不灌溉。套种的典型地块 2、3、4 在 11 月有冬灌发生。根据实地调研，第一次灌水发生在 5 月，由于智墒仪安装较晚没有观测到第一次灌溉情况，因此采用观测期内各次灌水量平均值估算第一次灌溉量。典型地块净灌溉水量计算结果见表 6-1。

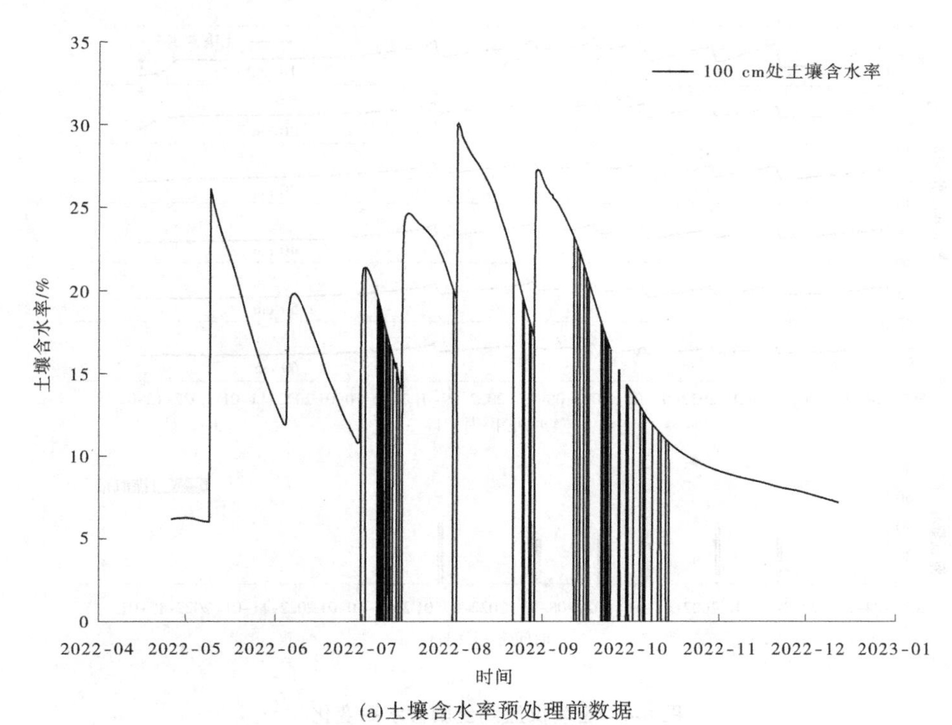

(a)土壤含水率预处理前数据

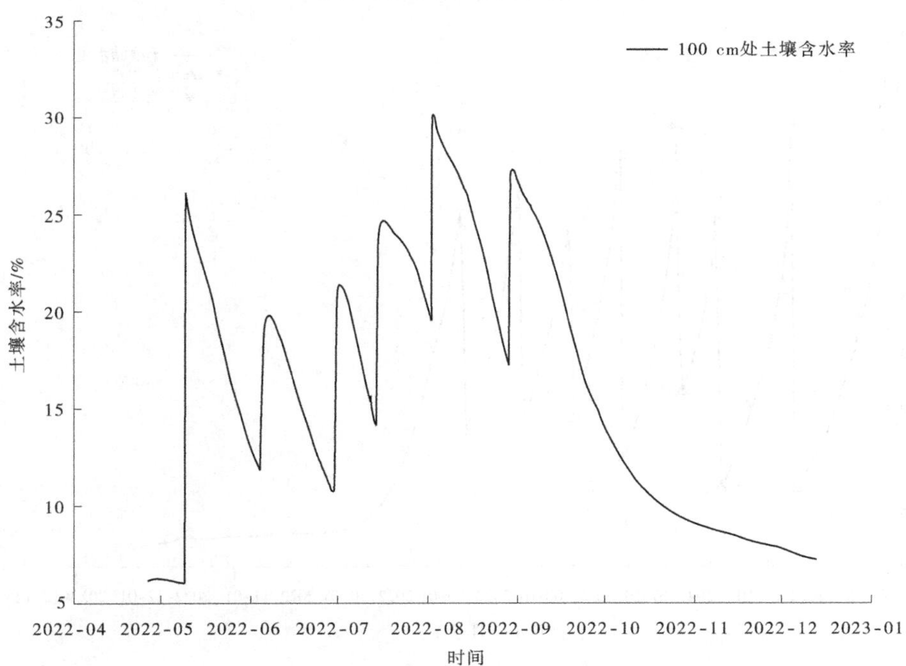

(b)土壤含水率预处理后数据

图 6-3　智墒仪(编号 540)监测的土壤含水率数据

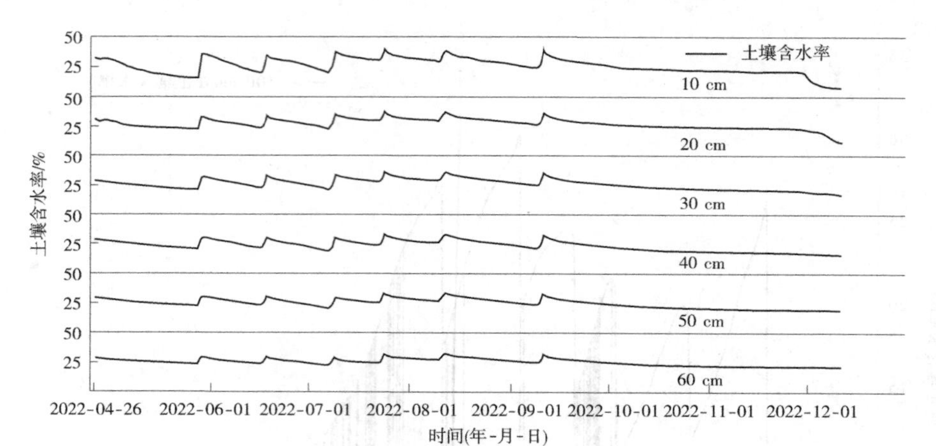

图 6-4　智墒仪监测土壤含水率变化

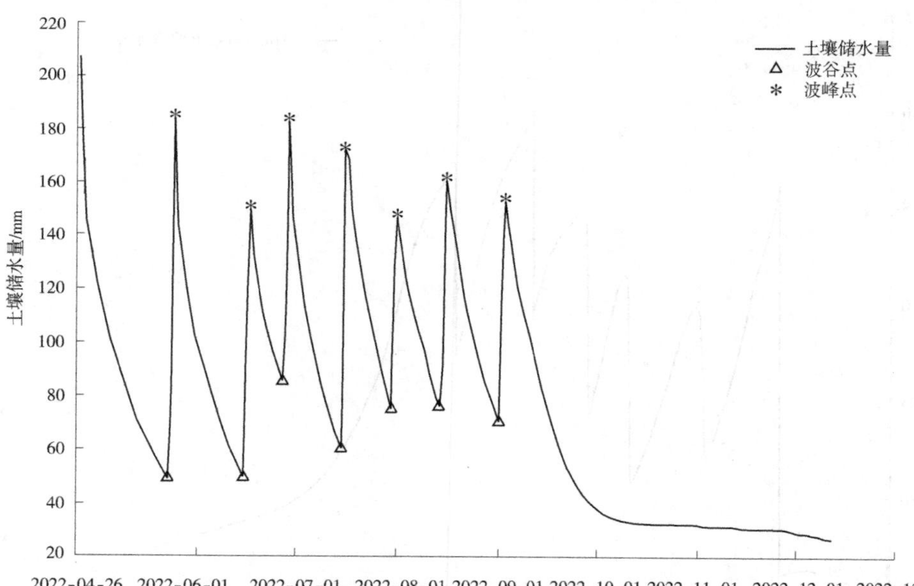

图 6-5　观测点灌溉变化过程

表 6-1　典型地块净灌溉水量计算结果

地块	作物	设备编号	次数	总灌溉量/mm	11 月是否灌溉	第一水估算/mm	5—9 月灌溉量/mm	11 月冬灌/mm
2	枣树套种油菜	222	7	333.5	是	75.5	441.0	87.7
		669	7	723.9	是			
		795	4	377.7	是			
3	枣树套种油菜	234	7	457.4	是	100.3	432.3	130.5
		552	7	868.8	是			
		524	—	—	—			
4	枣树套种春麦	299	9	688.4	是	108.3	912.9	134.5
		356	10	1 406.5	是			
		580a	6	—	—			
5	枣树	031a	2	443.3	否	154.6	927.9	—
		349a	6	885.7	否			
		540a	6	970.1	否			
6	枣树	571	7	621.9	否	70.4	481.6	—
		628	6	440.1	否			
		741	7	383.0	否			
7	枣树	164	3	297.3	否	101.1	707.4	—
		364	7	785.1	否			
		602	7	629.7	否			
8	枣树	545	8	571.0	否	81.7	653.3	—
		554	8	750.8	否			
		990	8	638.2	否			
9	枣树	459	7	884.6	否	117.6	823.0	—
		618	7	830.7	否			
		997a	7	753.7	否			

注：a 表示该设备的数据进行过预处理。

6.1.3.2　灌区净灌溉水量估算

若羌河灌区降水极少，不能形成有效降水，因此 $P_e=0$。灌区范围内地下水埋深一般在 10 m 以上（魏娟，2022），地下水对包气带补给可忽略不计。根据式（6-6），灌区净灌溉水量就等于蒸散发（ET），2022 年作物生育期 30 m 分辨率的净灌溉水量空间分布如图 6-6 所示。经统计分析，2022 年灌区净灌溉水量为 630 mm。利用渠灌区矢量边界提取灌区灌溉面积得到渠灌区实际灌溉面积为 4.465 万亩（见图 6-7），并采用灌溉面积掩膜提取灌区净灌溉水量(见图 6-8)。

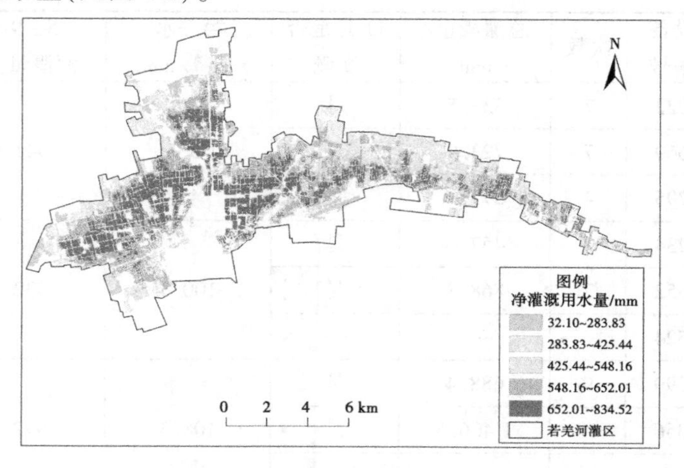

图 6-6 2022 年灌区净灌溉水量空间分布

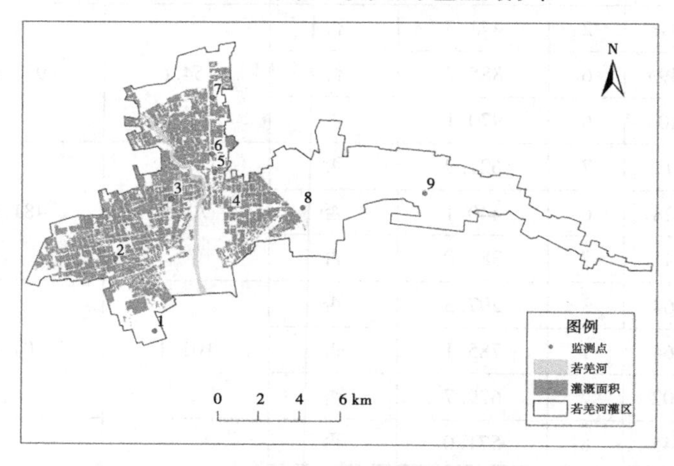

图 6-7 渠灌区灌溉面积空间分布

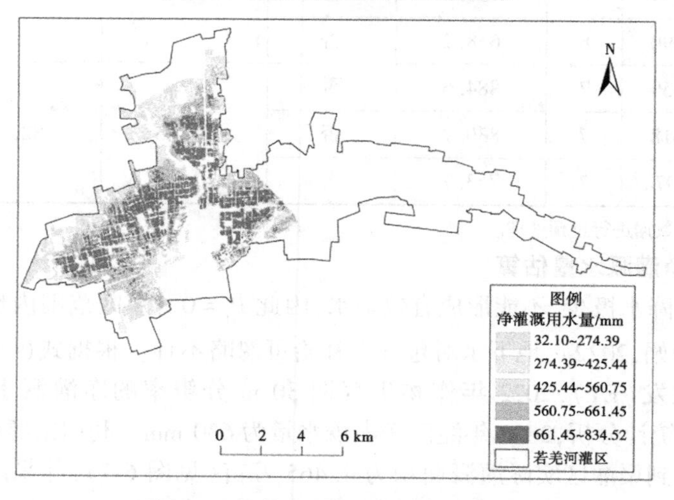

图 6-8 渠灌区净灌溉水量空间分布

为验证遥感反演的净灌溉水量可靠性,采用遥感方法与实测方法比较典型地块净灌溉水量,如表6-2所示。对比发现典型地块遥感观测净灌溉水量为682 mm(445 m^3/亩),低于地面观测净灌溉水量774 mm(516 m^3/亩),相对误差为12%;去掉离群点地块3的数据后,观测法和遥感法的相关系数 r 为 $0.876>r_{(6,0.05)}=0.834$,达到了极显著水平,表明采用的遥感方法观测净灌溉水量总体是合理的,可为灌区净灌溉水量估算提供参考。

表6-2　遥感净灌溉量与地面观测计算结果对比

地块	作物类型	地面观测 净灌溉水量/mm	遥感观测 净灌溉水量/mm
2	枣树套种油菜	517	614
3	枣树套种油菜	533	714
4	枣树套种春麦	1 021	745
5	枣树	1 083	712
6	枣树	552	630
7	枣树	809	645
8	枣树	735	695
9	枣树	941	703
平均值		774	682
相对误差		12%	

注:该表中净灌溉用水量不包括冬(春)灌水量。

6.1.3.3　灌溉水有效利用系数估算分析

1. 毛灌溉水量分析确定

若羌河渠灌区主要引若羌河河水灌溉,小部分渠系覆盖不到或渠系末端边缘地带开采地下水补充灌溉。根据分水口实测水量数据(见图6-9),地表水灌溉引水期在2—10月,7月达到灌溉引水高峰期。2022年,灌区地表水灌溉引水量2 659.87万 m^3,其中:铁干里克镇灌溉引水量为1 229.90万 m^3,占灌区地表引水量的46%;吾塔木乡灌溉引水量为1 429.97万 m^3,占灌区地表水引水量的54%。老龙口渠首至两乡镇分水口渠系水利系数约为0.70,推算渠首引水量为3 824万 m^3。2022年,渠灌区农灌地下水开采量约600万 m^3,灌区地下水开采主要集中在3—7月,也是作物需水的关键期和用水高峰期。因此,渠灌区毛灌溉水量为4 424万 m^3。

2. 灌区灌溉水有效利用系数估算

在灌区毛灌溉水量分析确定的基础上,利用灌区遥感ET、有效降水量 P_e、实际灌溉面积等数据信息,估算得到2022年渠灌区灌溉水有效利用系数为0.522,实灌面积亩均灌溉用水量为991 m^3/亩,实灌面积亩均净灌溉水量537 m^3/亩,具体见表6-3。

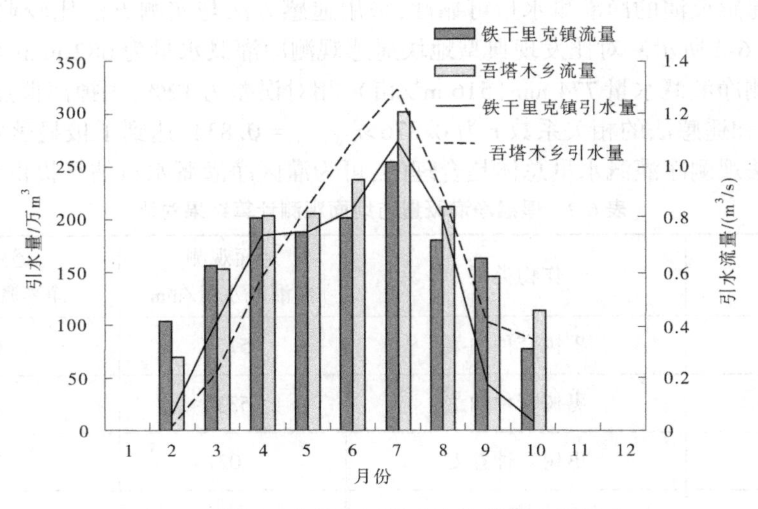

图 6-9　铁干里克镇和吾塔木乡逐月引水量情况

表 6-3　2022 年若羌河渠灌区灌溉用水效率估算

毛灌溉水量			净灌溉水量				灌溉水有效利用系数	实际灌溉面积/万亩	亩均灌溉用水量/(m³/亩)	亩均净灌溉水量/(m³/亩)
小计/万 m³	地表水/万 m³	地下水/万 m³	净灌溉水量小计/万 m³	净灌溉水量/mm	农田蒸散发 ET/mm	农田有效降水量 Pe/mm				
4 424	3 824	600	2 397	805	805	0	0. 522	4. 465	991	537

从结果上看,与 2022 年若羌河灌区农田灌溉水有效利用系数测算分析报告结果(见表 6-4)比较,采用遥感方法(0. 522)比常规测算方法(0. 558)偏小 6. 45%。其可能原因:一是从灌溉面积上来看,遥感识别的渠灌区实际灌溉面积为 4. 465 万亩,而常规测算方法实灌面积采用 2021 年若羌县永久基本农田面积 3. 854 万亩,这一数据时效性有待确认。二是渠灌区以枣树种植为主,约占渠灌区作物种植面积的 88%,渠灌区边缘地带种植部分黑枸杞,约占渠灌区作物种植面积的 12%,采用膜下滴灌方式。根据作物耗水量情况,按照作物种植面积加权平均,得到渠灌区净灌溉水量为 820×0. 88+480×0. 12=779 mm(520 m³/亩),与遥感估算亩均净灌溉水量(537 m³/亩)基本一致。总体来看,遥感方法不仅提供了区域灌溉水有效利用系数的估算,同时也考虑了不同作物耗水量空间差异性,测算结果更符合实际情况。

表 6-4　2022 年灌区灌溉水有效利用系数常规测算结果

灌溉面积/亩	年净灌溉水量/万 m³	年毛灌溉水量/万 m³	灌溉水有效利用系数	$M_{综净}$/(m³/亩)	$M_{综毛}$/(m³/亩)
37 643. 12	2 431. 04	4 360. 43	0. 558	645. 81	1 158. 36

6.1.4　结论与讨论

从方法上看,利用遥感反演的30 m分辨率农田蒸散发(ET)扣除有效降水量间接获取灌区农田净灌溉水量,相比常规方法,充分考虑了灌区蒸散发空间变异性,对蒸散发定量刻画更为精细,净灌溉水量估算更符合实际,精度更高;同时,减轻了净灌溉水量实测法的工作量和提高工作效率,有效降低了传统农田净灌溉水量估算的不确定性问题。

基于遥感的灌溉水利用系数测算方法,结果表明:2022年,若羌河渠灌区灌溉用水量4 424万 m^3,实际灌溉面积4.465万亩,田间净灌溉水量2 397万 m^3,灌溉水利用系数0.522,实际灌溉面积亩均用水量991 m^3,遥感方法得到的灌溉水利用系数估算结果与实测(0.558)基本一致,可为灌区用水管理提供客观参考。

基于多源数据的蒸散发遥感反演,涉及气象、植被等多参数,误差来源和不确定性因素较多,尤其针对复杂下垫面和混合像元情况下的蒸散发反演带来巨大挑战,需要进一步深入研究;同时,针对特定灌区,需要对输入地表参数进行质量控制、对不同植被进行参数化,使模型反演的蒸散发能够客观反映不同植被条件下的耗水量和耗水规律。

6.2　灌区节水改造工程效果评估

6.2.1　研究区概况

本节仍以4.1节中介绍的河套灌区解放闸灌域灌溉农田为研究对象。

6.2.2　研究方法和数据来源

6.2.2.1　数据来源

研究区域所采用的农田蒸散发数据由采用SEBAL模型计算的河套灌区蒸散发数据,经过裁剪掩膜生成。遥感影像采用MODIS传感器数据,空间分辨率为250 m至1 km,时间分辨率为每日,估算结果为250 m分辨率每日数据,模型估算ET与实测值吻合。地下水和降水数据由解放闸灌域沙壕渠实验站提供,其中本灌域地下水监测井共56眼,文中采用4月生育期初期(灌水前)平均埋深数据。解放闸灌域灌溉排水数据来源于河套灌区解放闸灌域管理局。

6.2.2.2　遥感蒸散发模型

蒸散发估算采用基于能量平衡的单源遥感蒸散发SEBAL模型(Bastiaanssen et al.,1998),通过能量余项法计算,即

$$\lambda \mathrm{ET} = R_n - G - H \tag{6-9}$$

式中:λ 为蒸发潜热,J/m^3;ET为蒸散发量,m/s;R_n 为净辐射量,W/ m^2; G 为土壤热通量,W/m^2;H 为显热通量,W/m^2。

$$H = \frac{\rho_a C_p \mathrm{dT}}{r_{ah}} \tag{6-10}$$

式中:ρ_a 为空气密度,kg/m^3;C_p 为空气的定压比热,J/(kg·K);r_{ah} 为热量传输的空气动

力学阻力,s/m;dT 为地表温度与空气温度差值,K。

6.2.2.3 灌溉水利用效率

灌溉效率采用尚松浩等(2015)提出的灌溉水利用系数评价方法,该方法将土壤非饱和带、饱和带作为整体来研究,避免了根系层下边界深层渗漏和补给,由于非饱和带、饱和带含水率年际变化不大,在研究中不予考虑。同时该方法借助遥感蒸散发来计算灌溉水的有效消耗量,将农田消耗的灌溉水量(蒸散发与降水量差值)表示灌溉水的有效利用量,其与灌区净引水量的比值定义为灌溉水的有效利用系数。简化后水量平衡方程为

$$I - D = (\mathrm{ET_I} - P_\mathrm{I}) + (\mathrm{ET_N} - P_\mathrm{N}) \tag{6-11}$$

式中:I 为时段内灌域毛引水量,m^3;D 为时段内灌域排水量,m^3;$\mathrm{ET_I}$ 为灌溉地生育期蒸散发量,m^3;P_I 为生育期时段灌溉地降水量,m^3;$\mathrm{ET_N}$ 为非灌溉地生育期蒸散发量,m^3;P_N 为生育期时段非灌溉地降水量,m^3。

本研究不考虑非灌溉的蒸散发及降水,灌溉地基本为农田。

$$\eta_\mathrm{e} = (\mathrm{ET} - P)/(I - D) \tag{6-12}$$

式中:ET 为农田生育期蒸散发量,m^3;P 为农田生育期时段降水量,m^3;$(I - D)$ 为研究区净灌溉引水量,m^3;η_e 为灌溉效率。

6.2.3 结果与分析

6.2.3.1 农田蒸散发年际变化

对 2000—2014 年农田蒸散发、降水量及灌溉水有效利用量(农田蒸散发与降水量差值)进行年际变化分析,见图 6-10。

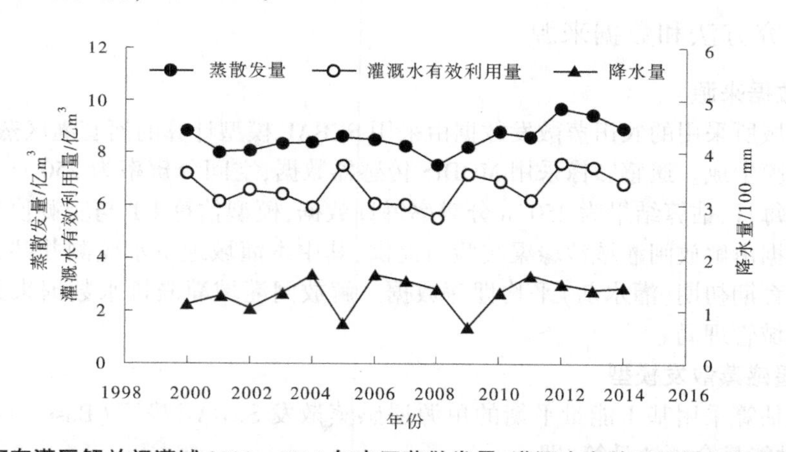

图 6-10 河套灌区解放闸灌域 2000—2014 年农田蒸散发量、灌溉水有效利用量和降水量年际变化

由图 6-10 可知,研究区农田蒸散发量 2001 年较 2000 年有所下降,2001—2005 年呈稳中有升的变化趋势,2005—2008 年呈减小趋势,在 2008—2012 年期间逐年增大,变化比较明显,2012—2014 年有所下降。就整体而言,蒸散发表现为上升趋势,多年均值为 8.56 亿 m^3(597.30 mm)。灌溉水有效利用量整体上呈增加的趋势,均值 6.63 亿 m^3(462.50 mm),其变化趋势与农田蒸散发量变化趋势基本一致,在 2005 年和 2009 年灌溉水有效利用量较大,分别为 7.51 亿 m^3(523.74 mm)和 7.17 亿 m^3(499.77 mm)。结合降

水量年际变化可知，2005 年和 2009 年降水量偏少，分别为 77.9 mm 和 72.1 mm，低于其他正常年份降水量为枯水年份，灌溉水有效利用量较其他年份大。

6.2.3.2　农田蒸散发空间分布特征

本研究仅对解放闸灌域 2000 年、2003 年、2006 年、2009 年、2012 年和 2014 年生育期（4—10 月）农田蒸散发空间分布特征进行对比分析，见图 6-11。

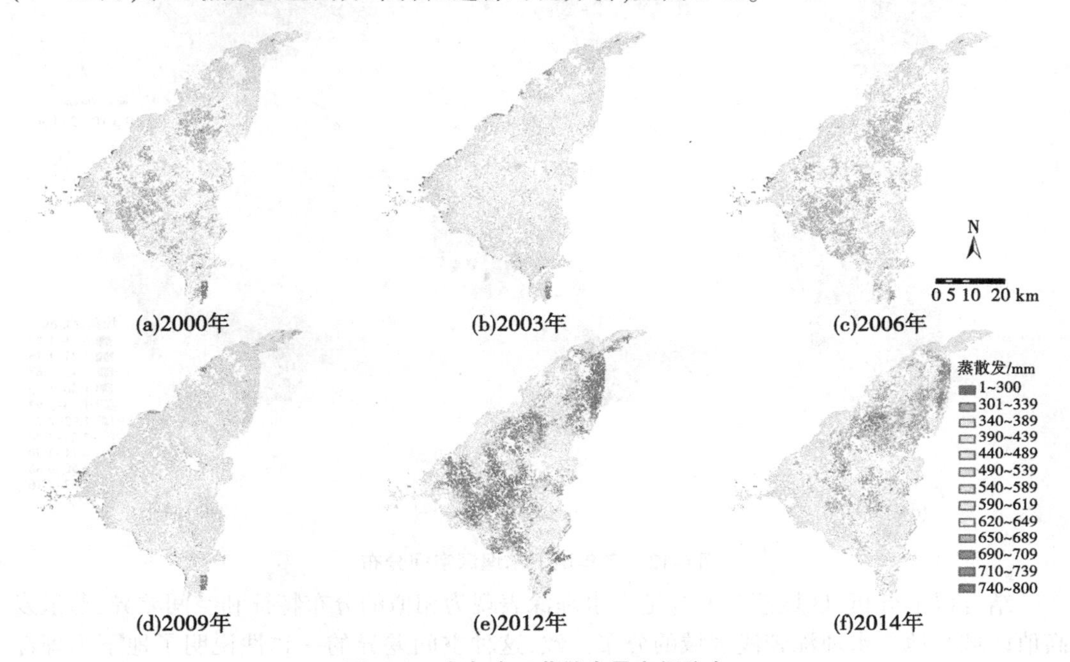

图 6-11　多年农田蒸散发量空间分布

2000 年、2003 年、2006 年、2009 年、2012 年和 2014 年研究区农田蒸散发均值分别为 618.03 mm、584.08 mm、571.86 mm、593.80 mm、660.19 mm 和 622.04 mm。2012 年高值区域的范围明显大于其他年份，结合蒸散发年际变化可知，2012 年平均蒸散发量为历史最大，2000 年、2006 年和 2014 年次之，2003 年和 2009 年高值区域的范围明显低于其他年份。由多年蒸散发空间分布相对差异性可以看出，高值区域均出现在西部和东北靠中部，均高于其他地区，农田蒸散发量的空间分布特征并未随时间发生明显变化，多年空间分布特征均较相似。

6.2.3.3　地下水空间分布及其对农田蒸散发的影响

地下水埋深采用普通克里格法对 4 月（生育初期）数据进行插值并展布到研究区域（杜军 等，2010），其空间分布见图 6-12。

2000 年、2003 年、2006 年、2009 年、2012 年和 2014 年地下水埋深范围分别为 0.8~2.99 m、0.97~4.89 m、0.75~6.60 m、1.05~4.79 m、1.32~6.91 m 和 0.71~6.42 m，均值分别为 1.76 m、1.90 m、2.04 m、2.19 m、2.32 m 和 2.32 m。地下水埋深较浅区域（小于 1.80 m）主要分布在西部以及东北靠中部地区。灌区节水改造以来，随着渠道衬砌率和灌溉效率的提高，地下水水位整体有所下降，埋深呈增大的趋势（马金慧 等，2011），但空间分布特征及空间相对差异性并未随时间发生明显变化。

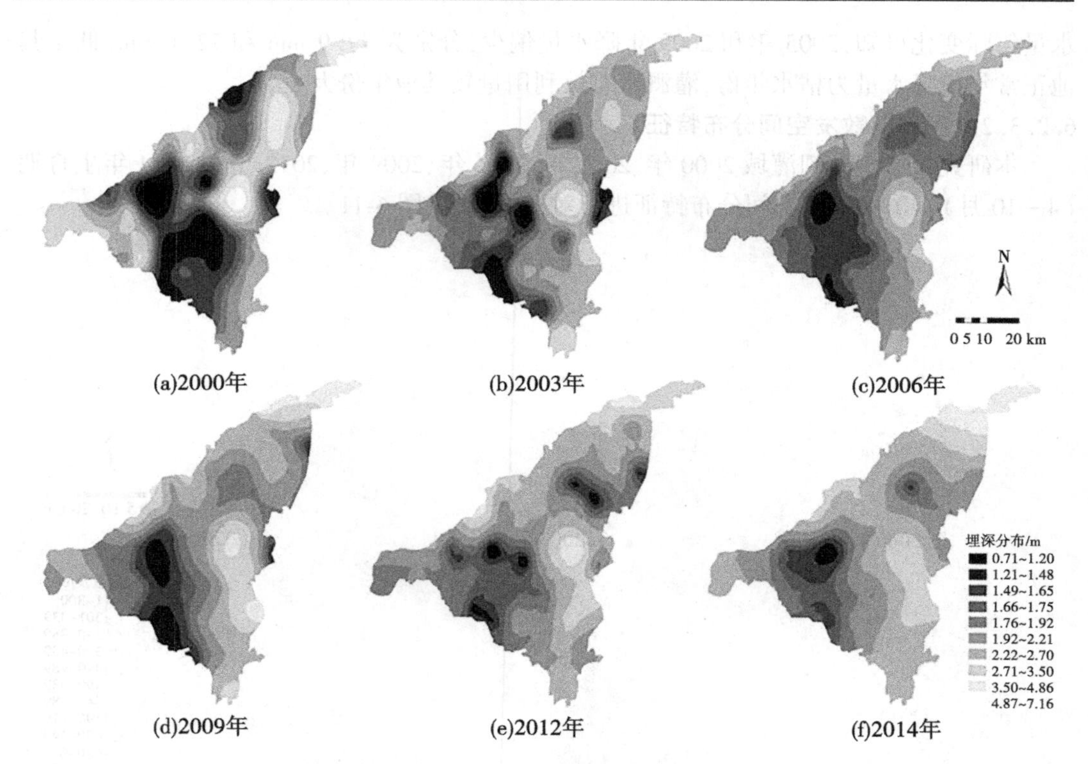

图 6-12　多年地下水埋深空间分布

结合以上分析,区域蒸散发与地下水埋深表现为相似的分布特征和空间差异,蒸散发高值区域与地下水埋深较浅区域的分布一致,这种空间差异的一致性说明了地下水埋深对农田蒸散发空间变化的影响。由于河套灌区引黄水量大,农田渗漏量大,地下水水位偏高,潜水蒸发量大(岳卫峰 等,2013),而在地下水埋深较浅地区(3~5 m 以内),潜水蒸发量则不可忽视(罗玉峰 等,2014),潜水蒸发剧烈,对蒸散发影响大。同时,地下水空间分布特征可以为灌溉管理提供依据,在地下水埋深较浅区域采取井渠结合灌溉,以降低地下水水位,减少引黄水量,达到节水目的(秦大庸 等,2004)。

6.2.3.4　灌溉效率

2000—2013 年灌、排数据来源于河套灌区解放闸灌域管理总局,见表 6-5。净灌溉水量为研究区域灌溉水量与排水量差值,灌溉有效利用量为蒸散发量与降水量差值,灌溉效率定义为灌溉有效利用量与净灌溉水量的比值,见式(6-12)。

表 6-5　灌溉水有效利用系数

年份	净灌溉水量($I-D$)/亿 m³	蒸散发 ET/亿 m³	降水量 P/亿 m³	灌溉效率 η_e
2000	12.21	8.85	1.67	0.58
2001	11.53	8.04	1.89	0.53
2002	11.49	8.11	1.52	0.57

续表 6-5

年份	净灌溉水量(I-D)/亿 m³	蒸散发 ET/亿 m³	降水量 P/亿 m³	灌溉效率 η_e
2003	9.54	8.38	1.94	0.67
2004	10.05	8.39	2.45	0.59
2005	11.17	8.63	1.12	0.67
2006	10.34	8.51	2.42	0.58
2007	10.43	8.29	2.26	0.57
2008	10.43	7.53	2.04	0.52
2009	11.96	8.21	1.03	0.59
2010	11.42	8.81	1.94	0.60
2011	11.69	8.65	2.42	0.53
2012	9.89	9.43	2.17	0.73
2013	11.14	9.45	2.04	0.66

研究区域 2000—2013 年灌溉效率年际变化,见图 6-13。可以看到,灌溉效率有所提高,整体变化为上升趋势。2001 年、2008 年和 2011 年灌溉效率较低,分别为 0.53、0.52 和 0.53,2003 年、2005 年和 2012 年灌溉效率较高,分别达到了 0.67、0.67 和 0.73,在 2012 年达到最高,该年净引水量为历年最低的 9.89 亿 m³,而灌溉水有效利用量(7.26 亿 m³)并未减小。

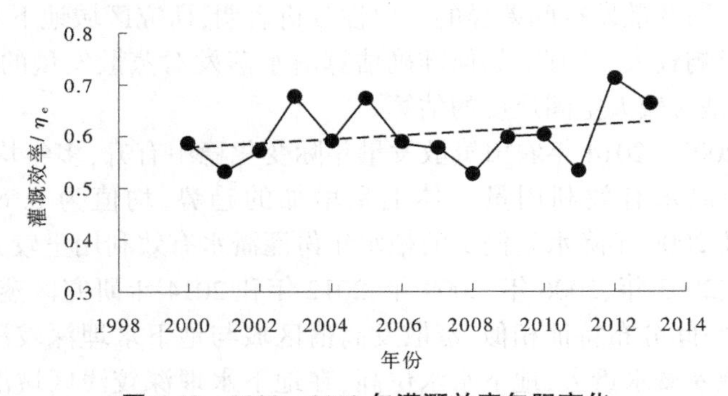

图 6-13 2000—2013 年灌溉效率年际变化

6.2.3.5 区域水循环各要素年际变化

自引黄灌区灌溉总量控制以及大型灌区节水改造以来,区域水循环要素发生了改变,各要素年际变化如图 6-14 所示。

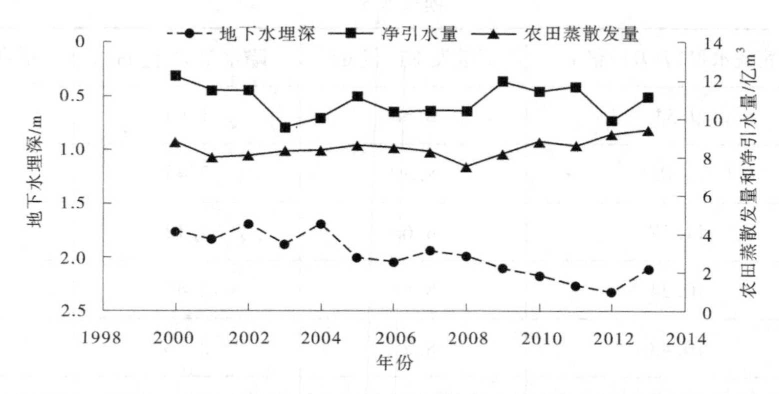

图 6-14 2000—2013 年农田蒸散发量、净灌溉引水量和地下水埋深年际变化

由图 6-14 可知,2000—2003 年总引水量连续下降,2004 年和 2005 年有所回升,2005—2008 年连续下降,在 2009 年、2010 年和 2011 年总引水量有所偏高,2012 年下降为历史最低,2013 年有所回升,灌域引水量波动较大,但引水总量整体变化有所下降。

节水改造以来,地下水水位逐年来呈下降趋势,表现最为明显,其埋深由 2000 年的 1.76 m 降到 2013 年的 2.16 m。在引水总量得到控制以来,农田蒸散发量并未减小,而是表现为稳中有升的趋势,同时佐证了研究区域灌溉效率的提高。

结合以上分析可知,近年来,灌区输配水设施不断完善,净引水量得到控制,灌溉效率得到提高,反映出大型灌区节水改造实施以及引黄水量统一调配的积极作用。

6.2.4 讨论与结论

受水土环境和作物生理特征的影响,灌域种植结构分布比较零散,无明显地域分布特征。由于不同作物耗水规律不同,种植结构的调整将对农田蒸散发时空变化产生直接的影响,因此对影响农田蒸散发时空变化的因素需要做进一步讨论和分析。

对地下水与农田蒸散发空间差异的一致性分析表明,研究区域地下水埋深较浅,潜水蒸发对总蒸散发影响较大。因此,如何准确估算潜水蒸发对蒸散发量的影响需要进一步讨论和分析,尤其是对较大空间尺度的估算。

解放闸灌域 2000—2014 年农田蒸散发量年际变化稳中有升,多年均值为 8.56 亿 m^3(597.30 mm)。灌溉水有效利用量整体上呈增加的趋势,均值为 6.63 亿 m^3(462.50 mm),在 2005 年及 2009 年降水量偏少的枯水年份灌溉水有效利用量较大。

根据 2000 年、2003 年、2006 年、2009 年、2012 年和 2014 年研究区蒸散发和地下水埋深分布情况,两者空间分布特征相似,蒸散发高值区域与地下水埋深较浅区域分布一致,这是由于研究区域灌溉水量大,地下水水位高,在地下水埋深较浅区域潜水蒸发较强烈。地下水和农田蒸散发量空间分布的相对差异随时间并未发生明显变化,这种空间上分布的一致性同时也印证了地下水对农田蒸散发空间分布的影响。

节水改造以来,输配水工程逐步完善,解放闸灌域净灌溉引水总量有所减少,地下水水位下降,其埋深由 2000 年的 1.76 m 降到 2013 年的 2.16 m,而农田蒸散发量并未减少,反映出解放闸灌域灌溉用水效率的提升。结合水循环各要素多年变化可知,节水改造取得了积极效果,同时地下水水位的下降对减少无效蒸发和缓解土壤盐碱化程度也会起到积极影响。

6.3 基于水循环模型的灌区灌溉水有效利用系数分析

6.3.1 研究区概况

本节仍以石津灌区为例,该灌区由3部分组成(见图6-15)。山麓平原位于灌区西部,约占灌区总面积的1/3,水文地质条件较好,富水性较强,属于全淡水区,该区井灌发达,部分地区实行了井渠结合;冲积平原位于灌区东部,地下水埋深较浅,多在1.2~2.5 m,地下水水质为微咸水或咸水,矿化度为2~5 g/L或5~10 g/L,历史上涝碱灾害严重;倾斜平原位于灌区中部,西接山麓平原,东与冲积平原相连,水文地质条件介于东西部之间。

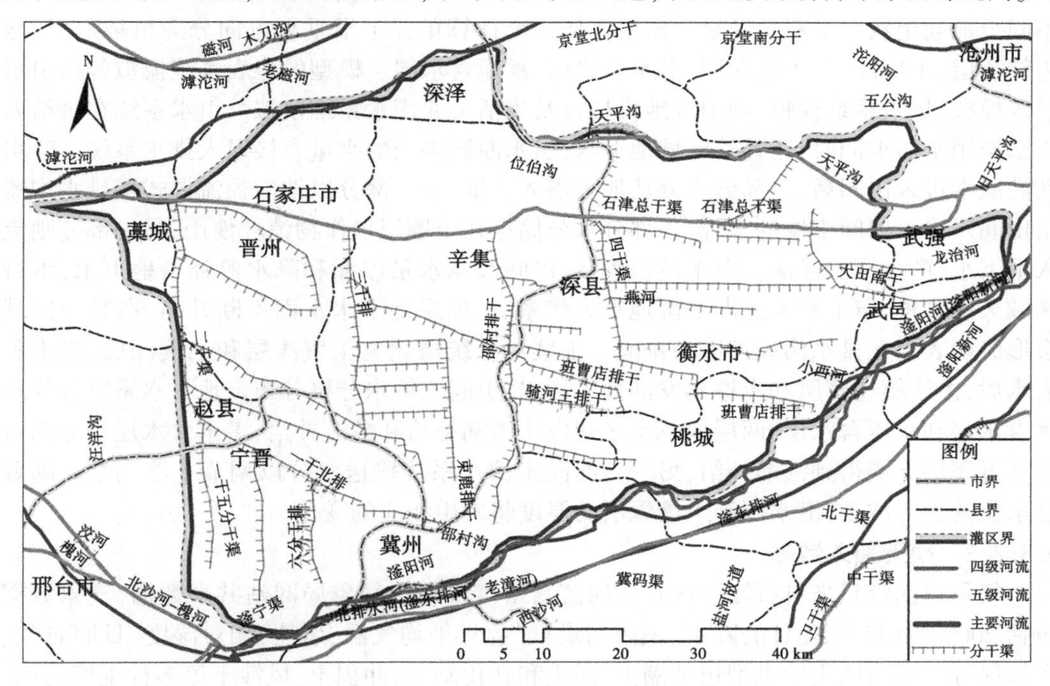

图6-15　石津灌区地理位置及范围

灌区灌溉水源为滹沱河上的岗南和黄壁庄水库地表水以及灌区地下水,设计总库容27.8亿 m^3,兴利库容12.4亿 m^3。灌区灌溉系统包括总干渠、干渠、分干渠、支渠、斗渠、农渠6级固定渠道。总干渠首设计流量100 m^3/s,渠长134.23 km;干渠8条,总长183 km;分干渠30条,总长379 km;支渠268条,总长866 km;斗渠2 429条,总长2 973 km。灌区排水系统共有排水干沟、分干沟63条,总长1 160 km,排水支沟380条,总长1 452 km,排水容泄区为灌区东南边界的滏阳河。

石津灌区土地资源丰富,控制范围内耕地面积为435万亩,主要农作物为小麦、棉花和夏玉米。

6.3.2　石津灌区分布式水循环模型构建

水资源配置和水循环模型(water allocation and cycle model,WACM)是基于人类活动频繁地区水的分配、循环转化规律及其伴生的物质(C、N)、能量变化过程而建立的分布式水循环模型,可为自然-人工复合水循环模拟、生态水文过程模拟、气候变化与人类活动影响、水资源配置、物质循环模拟等提供模拟分析工具。WACM 主要模块包括蒸散发、积雪融雪、土壤冻融、产流入渗、河道汇流、土壤水、地下水等自然水循环过程和灌区引水、农田实时灌溉、灌区排水、工业生活引排水等人工因素主导的水循环过程,模型具体情况可参见有关文献(赵勇,2007;翟家齐,2012;刘文琨,2014)。

6.3.2.1　灌区水循环模型框架

如图 6-16 所示,WACM 以水量平衡为基础,以人工灌溉区域和排水区域包含的类似子流域的区域作为计算单元划分基础。模型分别计算水域、植被、裸地、农田、不透水域等不同土地利用状况下蒸散发量。模型在任一个计算单元上沿垂直方向分为植被冠层、地表储流层、土壤浅层、土壤深层、潜水含水层、承压含水层。模型的地表系统模拟包括引水系统模拟、排水系统模拟、湖泊湿地模拟以及生活工业用水系统模拟。引水系统在供给人工系统用水需求同时,还补给区域地下水,引水灌溉多余的水量直接退入排水系统。降水和灌溉水进入田间后,一部分水分从地表渗入土壤,另一部分以地面径流形式经排水沟流出田间。渗入田间土壤的水分,一部分水分储存在土壤层供作物消耗使用,另一部分则流入地下水,产生深层渗漏。引水过程渗漏、田间灌溉水量渗漏和降水等补给地下水,维持区域天然林地、草地和天然湖泊湿地等天然系统,如果地下水水面不断升高,在某一区域会形成地表水在排水沟或湖泊中排泄。土壤水系统概化为土壤浅层和土壤深层,降水和灌水后,由于植物蒸腾和土壤蒸发消耗土壤水,引起土壤水分再分布。地下水系统分为潜水含水层和承压含水层,两层地下水之间发生渗漏补给和越流补给,潜水含水层一方面可能通过深层土壤得到渗漏补给,另一方面向土壤水系统输送水分以调节土壤墒情。随着潜水位的上下波动,潜水层和土壤深层的厚度将发生相应的变化。

6.3.2.2　模型输入数据

气象数据资料来自石津灌区管理局监测站点及中国气象局网站共享数据,气象数据包括 2000—2011 年逐日的降水、最高与最低气温、平均气温、风速、相对湿度、日照时数、净辐射等。灌内的土壤类型包括潮土、褐土和盐化潮土、冲积土、风沙土等多种土壤类型。其中,潮土及盐化潮土主要分布在灌区中西部,褐土则分布在灌区东部,是灌区的主要土壤类型,因此研究中仅考虑这 3 种主要土壤类型。石津灌区西部地区水文地质条件较好,基本属全淡水区,浅层地下水含水层厚度一般在 10~20 m,且水质良好,易于开采。灌区东部地区,水文地质条件较差,浅层淡水极不发育,浅层淡水区面积不足总面积的 25%,而且多呈零星分布。因此,该区域灌溉水源主要依靠地表水,地下水仅作为补充灌溉水源。灌区内的有效观测井共 60 眼。

研究区土地利用资料数据采用欧洲航天局(European Space Agency,ESA)发布的 2009 年全球 300 m 精度土地利用/植被覆盖图。根据下载的土地利用数据,对研究区的土地利用空间分布信息进行提取、重分类和校正,并结合农田、渠系、居住用地和工业用地

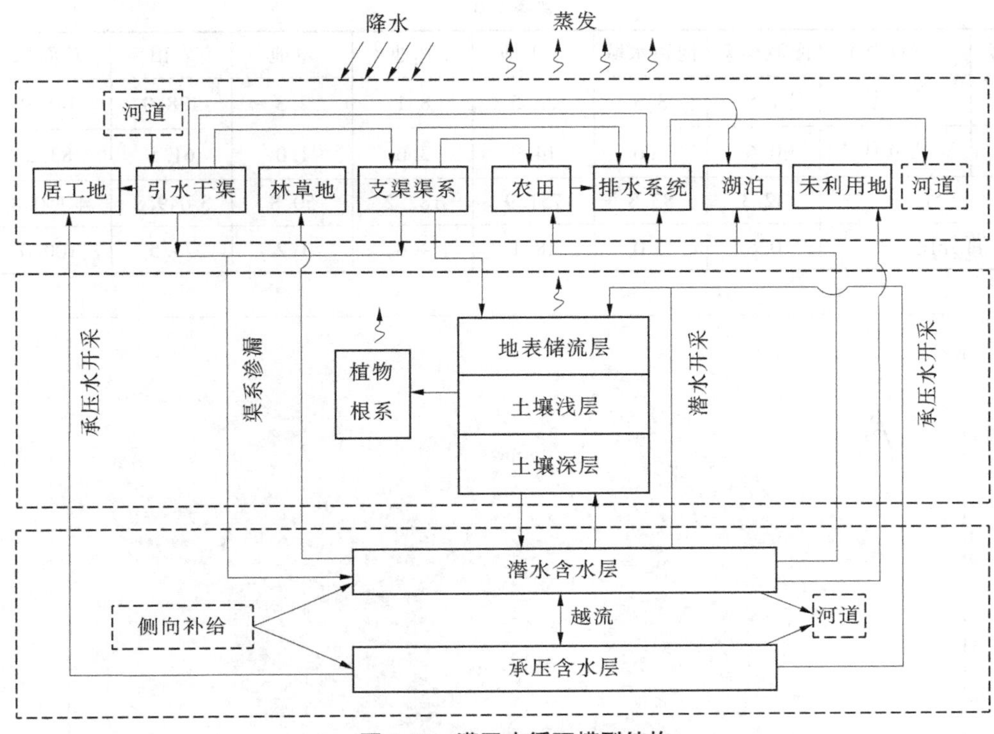

图 6-16 灌区水循环模型结构

(居工地)、林草地的调查统计资料,得到研究区土地利用分布情况,不同类型土地利用面积见表 6-6,土地利用空间分布如图 6-17 所示。其中,农田覆盖面积最大,占地区总面积的 58.3%,其次为未利用地、草地、居工地、水域、林地,分别占地区总面积的 14.0%、8.6%、8.4%、7.7%与 3.0%。灌溉用水来源于实地调研与河北省水资源公报。

表 6-6 2017 年灌区土地利用情况

单位:km²

序号	各市(县、区)	灌溉渠系	河道水域	居工地	林地	草地	农田	总面积
1	藁城区	1.0	2.3	34.2	5.3	1.5	90.6	134.9
2	晋州市	2.7	11.7	67.7	15.2	4.2	252.5	354.0
3	深泽县	0.1	0.3	2.7	0.7	0.2	12.5	16.5
4	赵县	1.0	2.5	22.6	6.0	1.6	96.7	130.4
5	宁晋县	4.1	9.9	85.8	24.1	6.5	387.3	517.7
6	辛集市	9.1	22.4	214.4	51.1	14.3	856.6	1 167.9
7	冀州区	2.1	5.1	34.2	11.7	3.3	197.9	254.3
8	深州市	8.8	21.4	211.4	49.3	13.9	835.9	1 140.7
9	衡水市	1.3	3.1	28.5	7.1	2.0	120.3	162.3

续表 6-6

序号	各市(县)	灌溉渠系	河道水域	居工地	林地	草地	农田	总面积
10	武强县	1.5	3.5	35.5	8.1	2.3	138.0	188.9
11	武邑县	0.6	1.6	14.9	3.6	1.0	61.5	83.2
合计		32.3	83.8	751.9	182.2	50.8	3 049.8	4 150.8
百分比/%		0.8	2.0	18.1	4.4	1.2	73.5	100.0

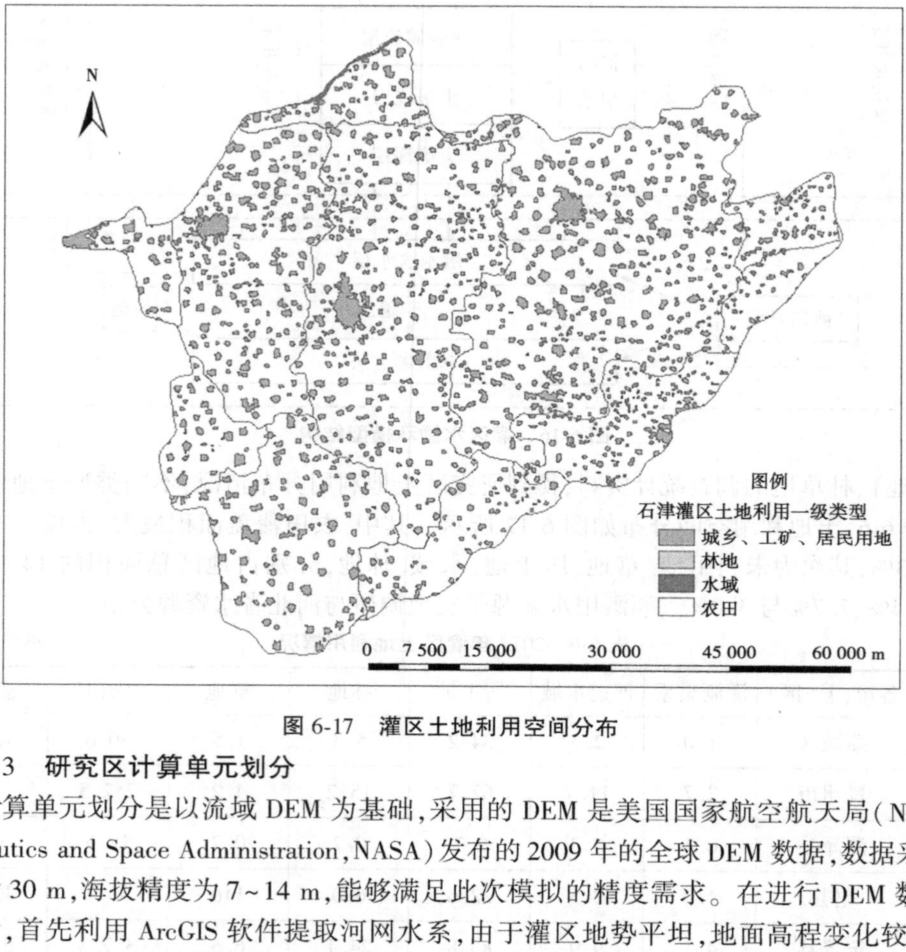

图 6-17 灌区土地利用空间分布

6.3.2.3 研究区计算单元划分

计算单元划分是以流域 DEM 为基础,采用的 DEM 是美国国家航空航天局(National Aeronautics and Space Administration,NASA)发布的2009 年的全球 DEM 数据,数据采样的精度为 30 m,海拔精度为 7~14 m,能够满足此次模拟的精度需求。在进行 DEM 数据修正之后,首先利用 ArcGIS 软件提取河网水系,由于灌区地势平坦,地面高程变化较小,需要与实际河网水系进行对比校正后最终确定计算所需的河网水系(见图 6-18)。根据河网水系共划分得到 13 个子流域单元(见图 6-19)。灌区灌溉渠系见图 6-20。

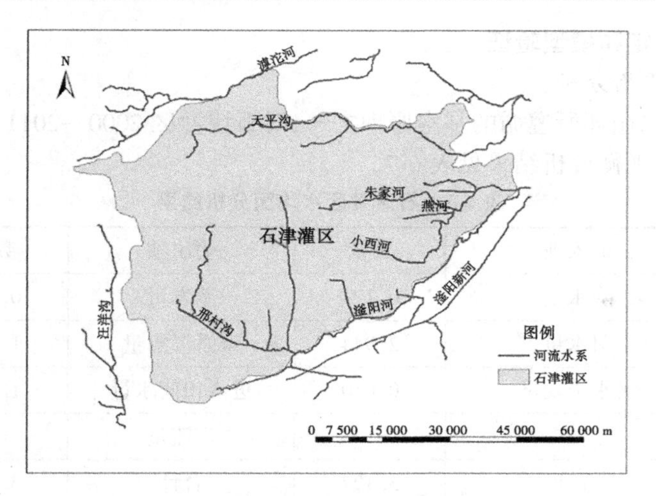

图6-18　灌区河流水系分布

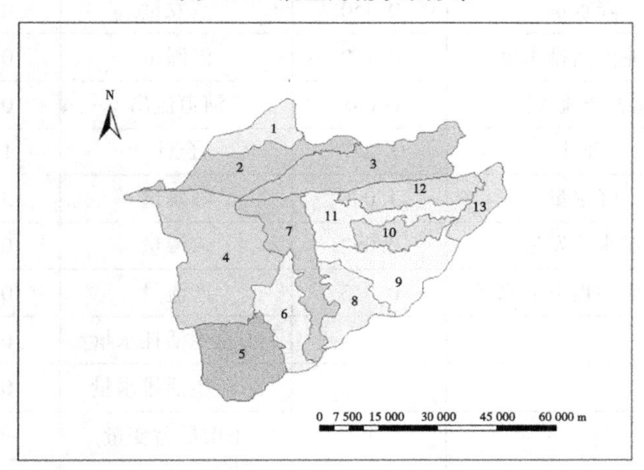

图6-19　灌区13个子流域

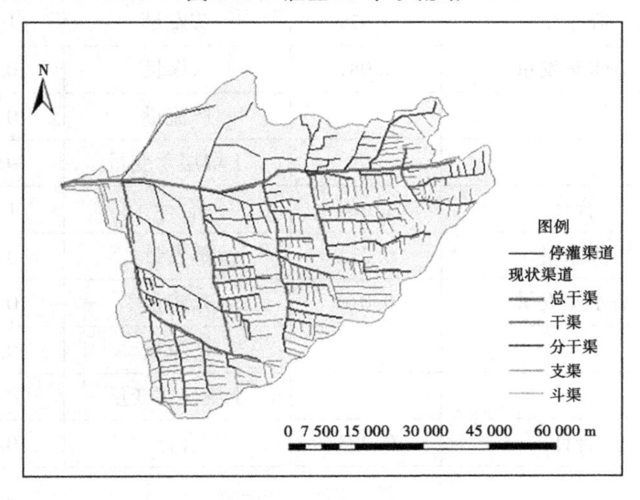

图6-20　灌区灌溉渠系

6.3.2.4 参数率定和模型验证

1. 灌区水量平衡分析

水量平衡是水循环所遵循的基本原理之一,对石津灌区 2000—2011 年的水循环进行模拟,多年平均水平衡分析结果见表 6-7。

表 6-7 石津灌区水均衡分析结果　　单位:亿 m^3

平衡项目	输入项	数量	输出项	数量	平衡结果
灌溉渠系	降水量	0.173	蒸发量	0.476	
	引水量	2.944	渠系渗漏量	1.254	
	潜水蒸发量	0.010	进入田间水量	1.397	
			产流量	0	
	合计	3.127	合计	3.127	0
河湖水域	降水量	0.450	蒸发量	0.588	
	工业生活排水量	0.179	渗漏量	0.074	
	地表产流入河	0.648	河道流出	0.615	
	合计	1.277	合计	1.277	0
居工地	降水量	4.036	蒸发量	3.423	
	潜水蒸发量	0.052	入渗量	0.038	
	工业生活地下取水量	0.313	产流量	0.631	
			工业生活耗水量	0.135	
			工业生活排水量	0.179	
			土壤层蓄变量	-0.005	
	合计	4.401	合计	4.401	0
林地	降水量	0.979	蒸发量	1.006	
	潜水蒸发量	0.081	入渗量	0.060	
			产流量	0.007	
			土壤层蓄变量	-0.013	
	合计	1.060	合计	1.060	0
草地	降水量	0.273	蒸发量	0.242	
	潜水蒸发量	0.010	入渗量	0.009	
			产流量	0.007	
			土壤层蓄变量	0.025	
	合计	0.283	合计	0.283	0

续表 6-7

平衡项目	输入项	数量	输出项	数量	平衡结果
农田	降水量	16.371	蒸发量	17.554	
	潜水蒸发量	0.858	入渗量	1.090	
	地表引水灌溉量	1.397	产流量	0.003	
	地下抽水灌溉量	1.705	土壤层蓄变量	1.684	
	合计	20.331	合计	20.331	0
地下水平衡分析	渠系渗漏补给量	1.254	渠系潜水蒸发量	0.010	
	河湖渗漏补给量	0.074	居工地潜水蒸发量	0.052	
	居工地入渗补给量	0.038	林地潜水蒸发量	0.081	
	林地入渗补给量	0.060	草地潜水蒸发量	0.010	
	草地入渗补给量	0.009	农田潜水蒸发量	0.858	
	农田入渗补给量	1.090	农田地下水灌溉量	1.705	
			工业生活开采量	0.313	
	合计	2.525	合计	3.029	−0.504
灌区水量平衡分析	降水总量	22.282	蒸散发总量	23.289	
	引水总量	2.944	工业生活耗水总量	0.135	
			河道流出总量	0.615	
			土壤层蓄变量	1.691	
			地下水蓄变量	−0.504	
	合计	25.226	合计	25.226	0

2. 地下水验证

选择灌区内监测资料较全的地下水监测点，与模拟的地下水埋深变化比较，从图 6-21 和图 6-22 可以看出模拟值与实测值变化趋势总体一致。

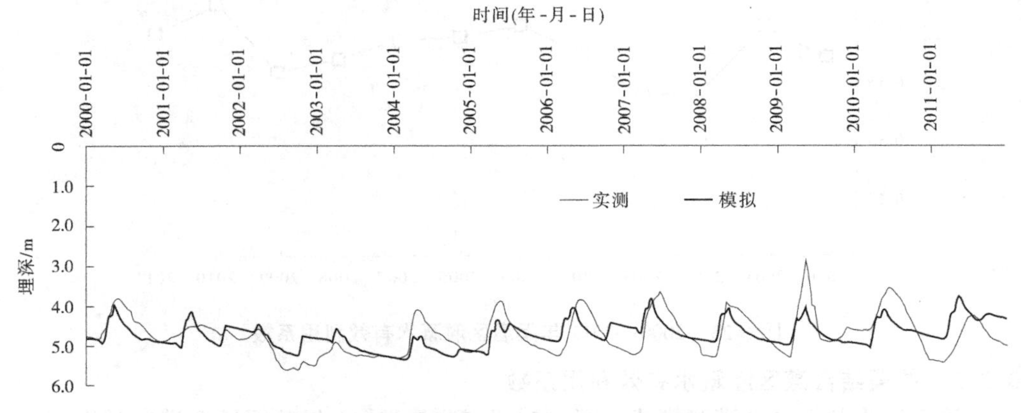

图 6-21　曹元站地下水埋深模拟值与实测值对比

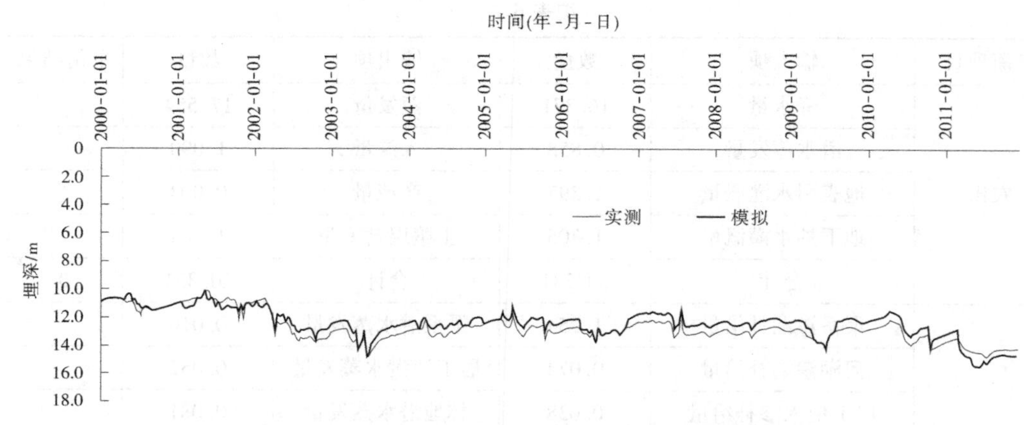

图 6-22 大屯站地下水埋深模拟值与实测值对比

6.3.3 灌区灌溉水有效利用系数分析

6.3.3.1 渠灌区灌溉水有效利用系数

由于石津灌区渠道衬砌率较低,总干渠衬砌防渗率不足10%,其他各级渠道衬砌防渗比例也不高,且输水距离较长,因而输水损失严重,渠系水利用系数尚不足0.5,导致灌区灌溉水有效利用系数整体偏低,这一点在渠灌区尤为显著。根据测算,渠灌区灌溉水有效利用系数多年平均值仅为0.38,如图6-23所示。即便在枯水年,其灌溉水有效利用系数也仅为0.41。渗漏损失等损失水量比例超过60%,其中渠道渗漏过大是导致灌溉水有效利用系数偏低的主要因素。从变化趋势来看,渠灌区灌溉水有效利用系数呈微弱的增加趋势,其中2001年、2010年系数值明显较高,分别达到0.4、0.42,灌溉水有效利用系数较高的主要原因是这两年是降水枯水年,年降水量仅为13.44亿m^3、18.76亿m^3;2003年系数值最低,仅为0.339,主要是因为降水较丰,尤其是小麦生育期降水量是多年同期平均的2.27倍。

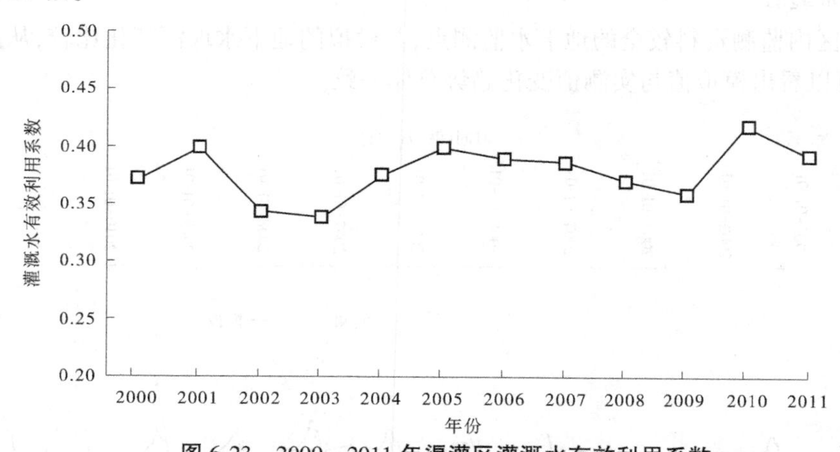

图 6-23 2000—2011年渠灌区灌溉水有效利用系数

6.3.3.2 井渠结合灌区灌溉水有效利用系数

石津灌区为井渠结合灌溉模式。图6-24为2000—2011年井渠结合灌区的灌溉水有效利用系数,平均值为 0.476,比渠灌区高 0.098,整体呈缓慢增长的趋势。其中,2010 年灌溉效率最高,灌溉水有效利用系数达到 0.538,除灌区整体灌溉用水水平提高外,主要因素是生育期天气干燥,降水较少,降水量仅为多年平均的 58%,上游引水灌溉量也衰减了近 20%,导致灌溉水量渗漏相对较少,作物吸收利用较多;2003 年灌溉效率最低,灌溉水有效利用系数仅 0.395,生育期降水丰富是主要因素,据统计 2003 年小麦生育期降水量较多年平均多出 120%。可见,作物生育期的降水丰枯变化是影响石津灌区灌水效率的重要因素。

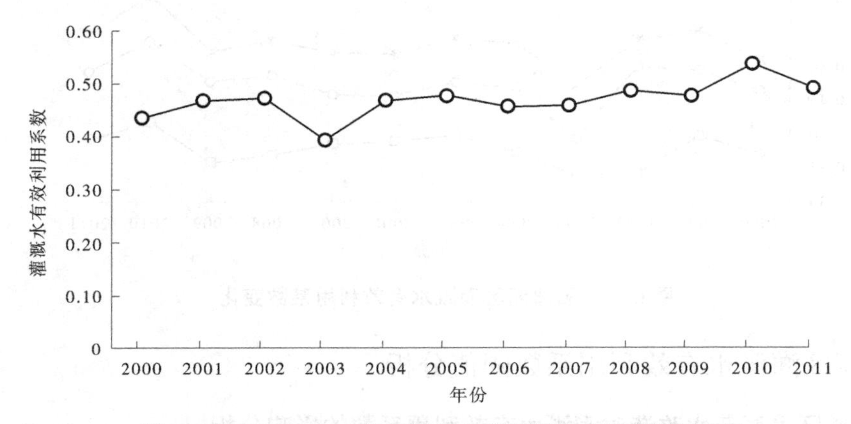

图 6-24　2000—2011 年井渠结合灌区灌溉水有效利用系数

6.3.3.3　纯井灌区灌溉水有效利用系数

自 20 世纪 90 年代以来,由于灌溉引水量锐减,位于总干渠北部及西部的部分灌域,如二干渠、新四干渠、一干渠的一分干与二分干等灌域,大部分渠道已经废弃,主要依靠开采地下水进行灌溉。因此,灌溉过程中输水环节渗漏损失大大减少,灌溉水有效利用系数普遍较高,2000—2011 年平均值为 0.689,如图 6-25 所示。由于灌溉水源为地下水,且是分散灌溉,可根据降水丰枯变化及作物需水要求开采地下水灌溉,因此灌溉效率波动较小,呈逐渐上升趋势。

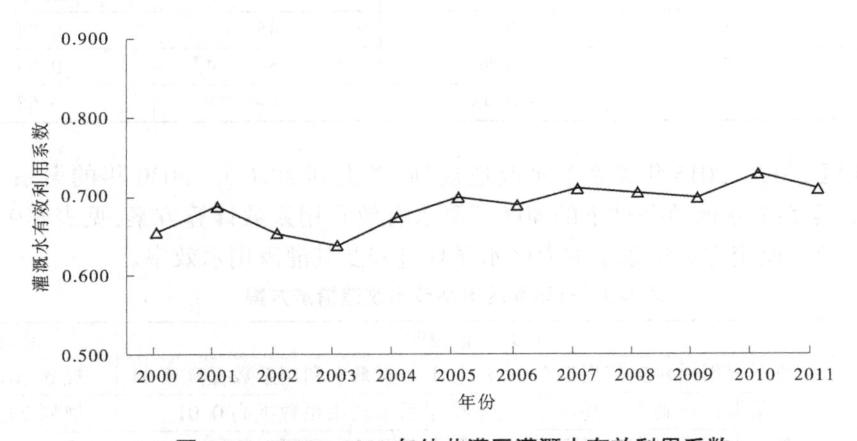

图 6-25　2000—2011 年纯井灌区灌溉水有效利用系数

6.3.3.4 石津灌区灌溉水有效利用系数

经测算分析，石津灌区的灌溉水有效利用系数平均值为 0.535，近 12 年农业灌溉水有效利用系数不断提高，呈微弱的增大趋势，但总体变化不大，如图 6-26 所示。

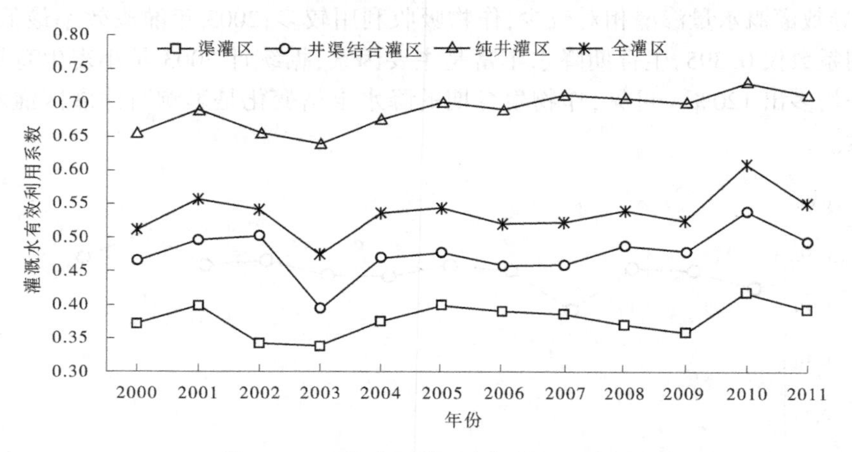

图 6-26 石津灌区灌溉水有效利用系数变化

6.3.4 灌区灌溉水有效利用系数阈值分析

6.3.4.1 灌区渠系节水改造对灌溉水有效利用系数的影响分析

1. 石津灌区渠系节水改造情景方案设置

根据石津灌区实测及统计结果，21 世纪初期灌区总干渠、干渠、分干渠及支渠的平均渠系水有效利用系数见表 6-8。

表 6-8 灌区现状渠系防渗及渠道水利用系数

灌区类型	现状		规划 2015 年	
	渠道衬砌率/%	渠道水利用系数	渠道衬砌率/%	渠道水利用系数
总干渠	8.0	0.84	29	0.88
干渠	5.9	0.92	17	0.93
分干渠	21.2	0.77	45	0.84
支渠	45.5	0.80	58	0.84
渠系综合	—	0.48	—	0.58

根据灌区 2012—2015 年渠系节水改造规划，考虑到 2020 年、2030 年的渠系节水改造，制订不同渠系节水改造条件下的灌区灌溉水有效利用系数计算方案，见表 6-9。采用 WACM 分别模拟设定方案情景下的灌区水循环过程及其灌溉用水效率。

表 6-9 石津灌区渠系节水改造情景方案

方案编号	方案设置说明	说明
QX1	总干渠渠道衬砌率提高至 29%，总干渠渠系水利用系数提高 0.04	规划 2015 年
QX2	干渠渠道衬砌率提高至 17%，干渠渠系水利用系数提高 0.01	规划 2015 年
QX3	分干渠渠道衬砌率提高至 45%，分干渠渠系水利用系数提高 0.07	规划 2015 年

续表 6-9

方案编号	方案设置说明	说明
QX4	支渠渠道衬砌率提高至 58%,支渠渠系水利用系数提高 0.04	规划 2015 年
QX5	总干渠渠道衬砌率提高至 50%,总干渠渠系水利用系数提高 0.06	规划 2020 年
QX6	干渠渠道衬砌率提高至 28%,干渠渠系水利用系数提高 0.02	规划 2020 年
QX7	分干渠渠道衬砌率提高至 60%,分干渠渠系水利用系数提高 0.09	规划 2020 年
QX8	支渠渠道衬砌率提高至 71%,支渠渠系水利用系数提高 0.07	规划 2020 年
QX9	总干渠渠道衬砌率提高至 71%,总干渠渠系水利用系数提高 0.08	规划 2030 年
QX10	干渠渠道衬砌率提高至 50%,干渠渠系水利用系数提高 0.03	规划 2030 年
QX11	分干渠渠道衬砌率提高至 75%,分干渠渠系水利用系数提高 0.12	规划 2030 年
QX12	支渠渠道衬砌率提高至 84%,支渠渠系水利用系数提高 0.10	规划 2030 年

2. 灌溉水有效利用系数变化分析

水循环过程和规律的科学辨识是水资源高效利用研究的基础,对灌区不同干支渠衬砌方案下的区域灌溉引水配置,研究相应情景下的灌区水资源循环转化过程,为分析不同干支渠衬砌措施下区域水资源高效利用提供参考。当渠首引水量不变,衬砌率提高将使灌溉引水渗漏量减少,增加农田灌溉可用水量,为扩大灌溉面积,满足作物灌溉需求提供水量条件。与此同时,输水过程中渗漏量的减少会对灌区地下水补给及生态带来一定影响,减弱水循环转化强度,导致区域内各用水户输送、消耗、运移和排泄水量发生变化。

对设定的 12 个各级渠系节水改造情景下的水循环过程进行模拟,分析每种情景对应的灌溉水有效利用系数,从图 6-27 可以看出,通过某一级渠系衬砌等节水改造措施,渠灌区灌溉水有效利用系数可提高 0.033~0.133,近期达到 0.44,中远期分别达到 0.498 和 0.512。其中,近期(2015 年)的渠系改造中(方案 QX1~QX4),对分干渠的改造效果最为显著,中远期(方案 QX5~QX8、QX9~QX12)则以总干渠和支渠改造的效果较显著。井渠结合灌区灌溉以渠系引水灌溉为主、井灌为辅,其灌溉效率受渠系改造的影响也十分显著,灌溉水有效利用系数可提高 0.023~0.093,近期达到 0.519,中远期分别达到 0.559 和 0.569。而对整个石津灌区来说,通过单项渠系改造可将全灌区灌溉水有效利用系数提高 0.017~0.069,近期达到 0.567,中远期分别达到 0.597 和 0.604。

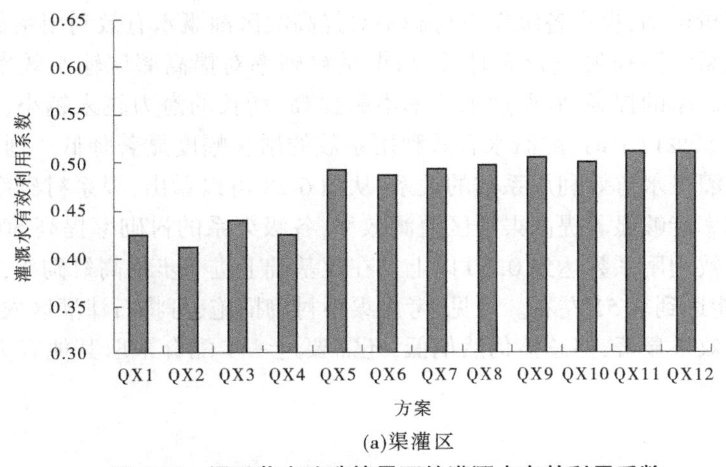

(a)渠灌区

图 6-27　渠系节水改造情景下的灌溉水有效利用系数

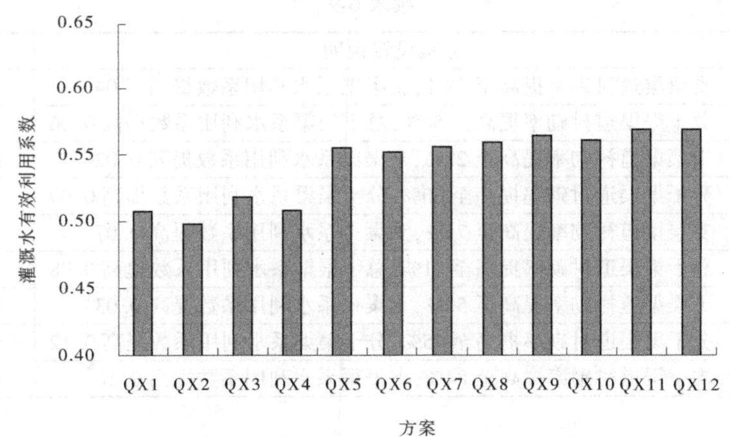

(b)井渠结合灌区

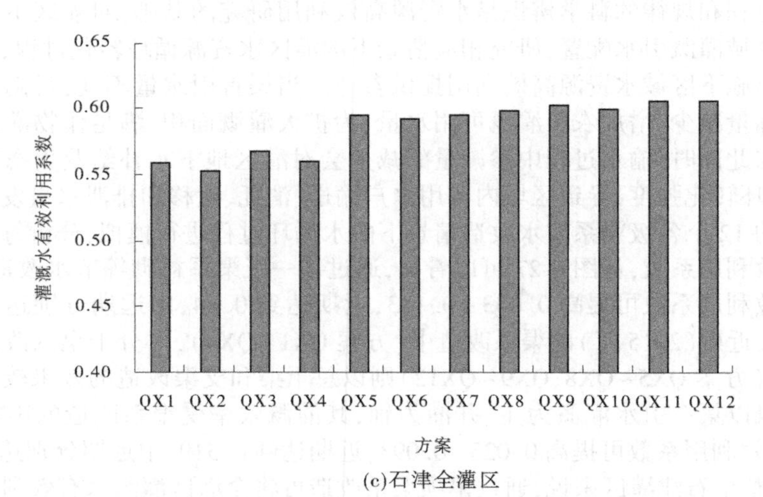

(c)石津全灌区

续图 6-27

通过上述分析可知,提高各级渠系衬砌率对提高灌区灌溉水有效利用系数效果显著。尤其是在现状渠系渗漏损失量较大时,提高渠系衬砌率对提高灌区输水效率最为明显。但随着干支渠衬砌率的提高,农业用水效率不断提高,增长的潜力越来越小,当灌区各级渠系衬砌率提高 50%以上时,灌溉水有效利用系数的增长幅度显著降低。通过分析各级渠系衬砌状况与灌溉水有效利用系数的关系,从图 6-28 可以看出,渠系衬砌率较低时,提高各级渠系衬砌率能够显著提高渠灌区灌溉效率,各级渠系的衬砌率提高 50%基本上可以保障灌溉水有效利用系数达到 0. 50 以上。在此基础上进一步提高衬砌率,灌溉效率提升幅度有限,仅能达到 0. 51 左右。可见,考虑渠系衬砌措施,可将石津灌区农业用水效率提高 0. 14 左右,效果显著,但总体仍然偏低,还需要进一步配合采取其他有力措施,提高农业用水效率。

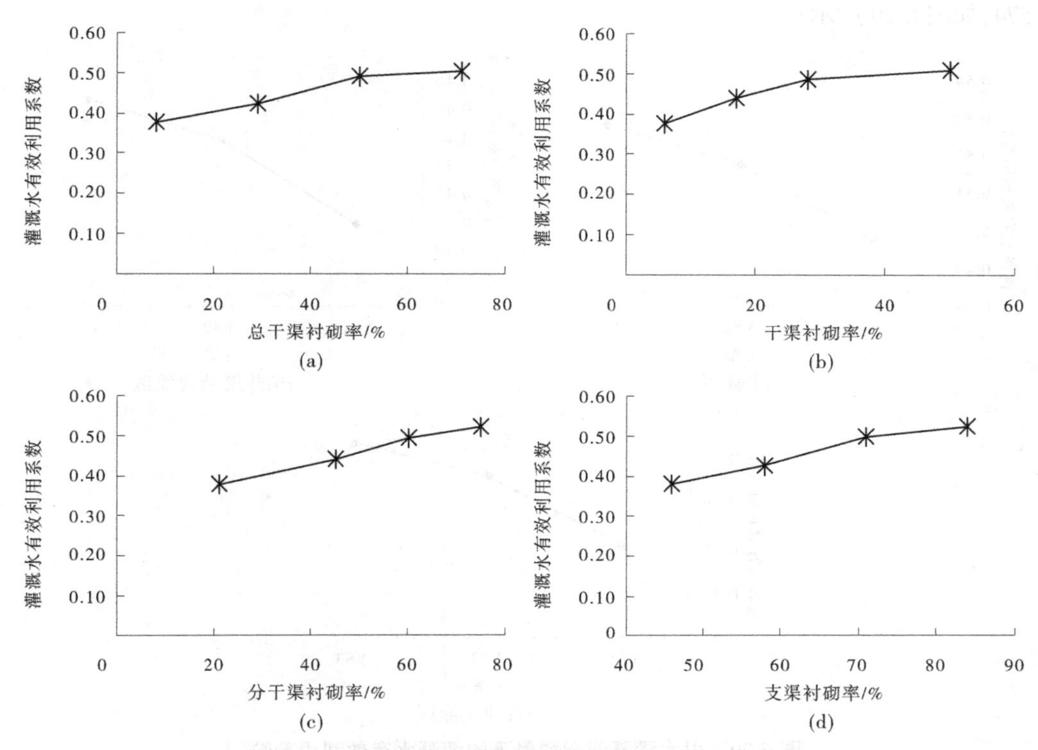

图 6-28　灌区各级渠道衬砌率与灌溉水有效利用系数的关系

6.3.4.2　引水灌溉调配方式对灌溉水有效利用系数的影响分析

1. 灌区引水灌溉调配方式情景方案设置

根据对灌溉引水调配过程的数据统计分析表明，采用高水位、大流量引水灌溉调配模式后使渠系水利用系数提高了 0.08，小麦一水灌溉历时从原来的 35~40 d 缩短为 25~30 d，灌溉历时缩短了 10~15 d，降低了由于灌溉期长导致小麦生育期不能适时灌水对小麦产量的影响。结合灌溉引水工程改造，设定不同条件下引水灌溉调配方式情景方案，见表 6-10。

表 6-10　石津灌区引水灌溉调配方式情景方案

方案编号	方案设置说明	说明
YS1	现状条件下高水位供水，获取更大的灌溉水头，渠系水利用系数提高 0.04	现状
YS2	近期渠系改造后高水位供水，获取更大的灌溉水头，渠系水利用系数提高 0.08	近期
YS3	远期渠系改造后高水位供水，获取更大的灌溉水头，渠系水利用系数提高 0.10	远期

2. 灌溉水有效利用系数变化分析

通过不同的引水灌溉调配方式，增大输水流速，缩短输水时间，减少输水损失水量。模拟分析表明，通过科学的引水灌溉调配方式，可将渠灌区灌溉水有效利用系数在现状基础上提高 0.03~0.075，最大可达到 0.454；井渠结合灌区灌溉水有效利用系数提高 0.021~0.052，最大可达到 0.528；灌区灌溉水有效利用系数可提高 0.016~0.039，最大可达到

0.574,如图6-29所示。

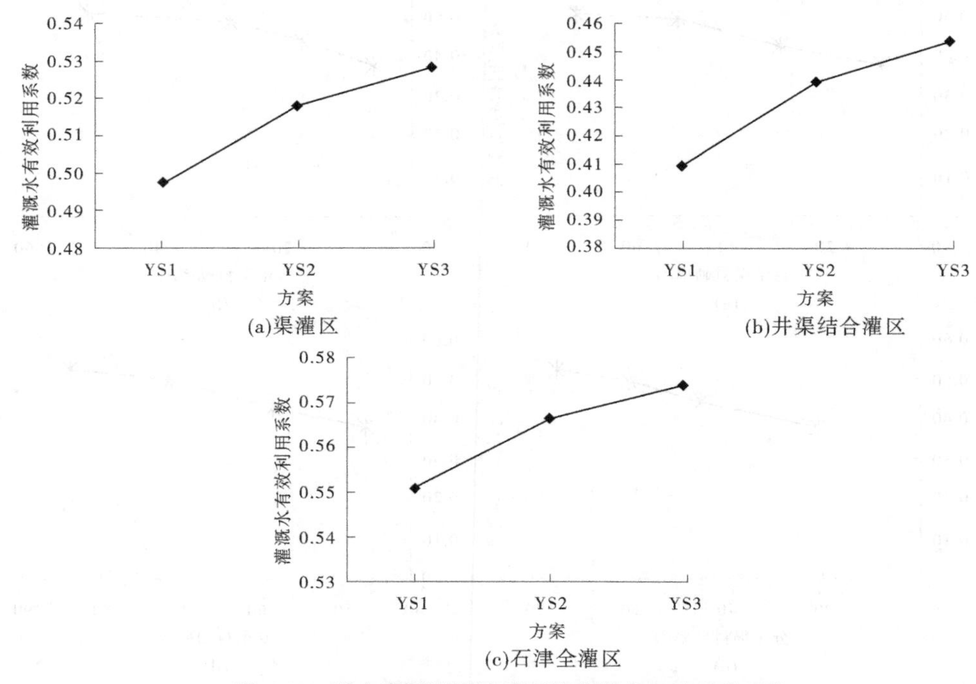

图6-29 引水灌溉调配情景下的灌溉水有效利用系数

6.3.4.3 灌区作物种植结构对灌溉水有效利用系数的影响分析

1.灌区作物种植结构情景方案设置

石津灌区作为河北省最大的纯农业灌区,粮食生产是其主要任务,因此种植结构只能适当调整,可根据具体情况减小冬小麦-夏玉米种植比例,增加其他低耗水、高效益经济作物,但幅度不宜过大,确保实现粮食增产目标和保障粮食安全。据此,方案设置按照减少小麦-玉米种植面积5%、10%、15%、20%,改种棉花、杂粮等其他经济效益高的作物设置,见表6-11。

表6-11 石津灌区引水灌溉调配方式情景方案

方案编号	方案设置说明
ZJ1	小麦-玉米种植面积减少5%,改种棉花等其他经济作物
ZJ2	小麦-玉米种植面积减少10%,改种棉花等其他经济作物
ZJ3	小麦-玉米种植面积减少15%,改种棉花等其他经济作物
ZJ4	小麦-玉米种植面积减少20%,改种棉花等其他经济作物

2.灌溉水有效利用系数变化分析

调整种植结构,减少高耗水作物,是实现节水增效、提高灌溉水有效利用系数的重要途径。石津灌区主要种植冬小麦和夏玉米,均属于高耗水低产值的粮食作物,通过调整减少其种植面积可有效节约水资源量,从而提高用水效率。通过模拟分析不同种植结构调整缩减比例情景下的灌溉水有效利用系数变化,结果表明该措施能够在一定程度上提高灌溉水的利用效率,但提高的幅度不大,范围在0.02以内,如图6-30所示。石津灌区由于上游黄壁庄水库来水持续衰减,无法满足灌区作物的用水需求,加上区域降水丰枯变化的不确定性,地表渠系引水保证率较低,导致农民纷纷弃渠兴井,利用地下水作为重要的灌溉水源。在这种形势下,调整作物种植结构最显著的作用是调整区域水资源利用的时空分布,可以在一定程度上减少地下水的开采程度,稳定渠系引水灌溉范围,进而间接影响灌溉效率,但与其他措施相比,影响有限。

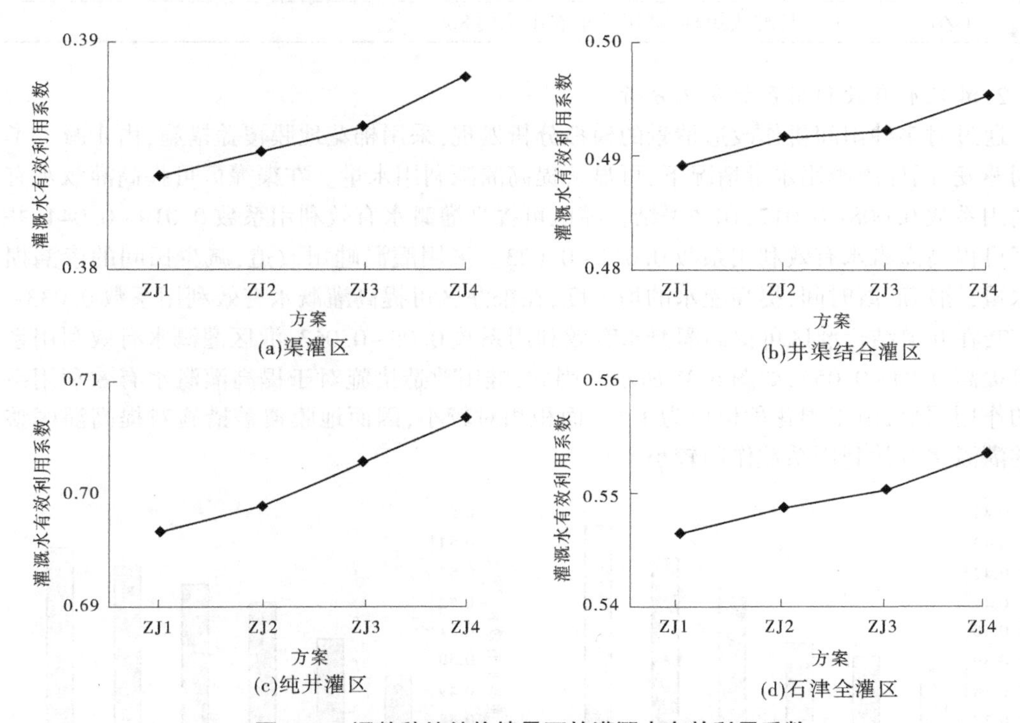

图6-30　调整种植结构情景下的灌溉水有效利用系数

6.3.4.4　田间节水耕作技术对灌溉水有效利用系数的影响分析

1. 石津灌区田间节水耕作技术情景方案设置

为提高田间水利用效率,考虑对原有渠系、田畦布置不尽合理的农田进行科学规划并进行配套建设,在斗渠以下至少设一级固定农渠或设固定农渠和临时毛渠级渠道,从一级渠道向两侧(或一侧)畦田灌水,布置"横畦",畦长一般以30~50 m为宜。同时,结合畦田规划,建设平整土地。平整土地要按设计的畦面纵坡进行,保证畦田"横平竖顺",改已有的"通天畦"大水漫灌为小畦合理灌溉,以提高劳动生产率、灌水效率和灌溉水的均匀度,减少田间不必要的积水,满足对作物的储水灌溉要求,尽量避免深层渗漏。具体方案见表6-12。

表6-12　石津灌区田间节水耕作技术情景方案

方案编号	方案设置说明
GZ1	棉花地膜覆盖比例达到50%

续表 6-12

方案编号	方案设置说明
GZ2	棉花地膜覆盖比例达到 80%
GZ3	棉花地膜覆盖比例达到 100%
GZ4	长畦改短畦,畦田平整农田比例 30%
GZ5	长畦改短畦,畦田平整农田比例 60%
GZ6	长畦改短畦,畦田平整农田比例 80%

2. 灌溉水有效利用系数变化分析

通过对多种田间耕作改造情景的模拟分析发现,采用棉花地膜覆盖措施,由于减少了棵间蒸发,同样灌溉用水量情况下,可显著提高灌溉利用水量。在渠灌区可提高灌溉水有效利用系数 0.008~0.017,在井渠结合灌区可提高灌溉水有效利用系数 0.019~0.044,井灌区可提高灌溉水有效利用系数 0.015~0.023。采用灌溉畦田改造,减少田间的渗漏损失水量,缩短灌溉时间,提高灌水的均匀度,在渠灌区可提高灌溉水有效利用系数 0.033~0.057,在井渠结合灌区可提高灌溉水有效利用系数 0.05~0.063,灌区灌溉水有效利用系数可提高 0.04~0.052,如图 6-31 所示。因此,畦田改造措施对于提高灌溉水有效利用系数的作用明显,由于棉花种植仅为 16%,面积相对较小,因而地膜覆盖措施对提高灌区整体的灌溉水有效利用系数作用较小。

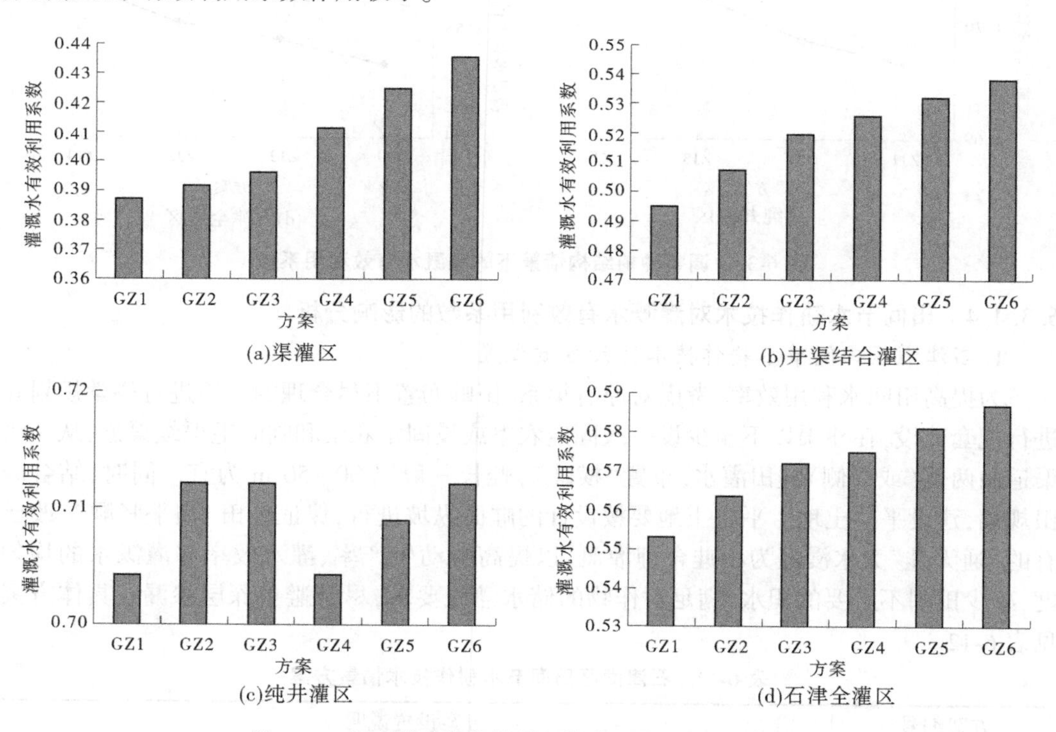

图 6-31 田间节水耕作情景下的灌溉水有效利用系数

6.3.4.5　高效灌溉技术对灌溉水有效利用系数的影响分析

1. 灌区高效灌溉技术情景方案设置

石津灌区目前采用微喷灌技术的覆盖面积占比仅为 1%，主要分布在井灌区，在渠灌区及井渠结合灌区，更多的还是采用渠道进行灌水，加之微喷灌设备的成本投入相对较高，推广难度较大。由于井灌区水资源相对匮乏，加之近年来地下水水位下降，抽水灌溉成本逐渐提高，合理利用有限水资源，提高水资源的利用效率十分迫切，成为微喷灌等高效节水技术应用的基本动力。另外，微喷灌设备的成本问题可以通过扩大高效益的经济作物来解决，因而在目前的水资源条件下，首先在井灌区域内推广微喷灌技术、扩大高效灌溉面积是可行的。据此，设置模拟分析方案见表 6-13。

表 6-13　石津灌区高效灌溉技术情景方案

方案编号	方案设置说明
GG1	井灌区采用微喷灌比例达到 10%
GG2	井灌区采用微喷灌比例达到 20%
GG3	井灌区采用微喷灌比例达到 40%

2. 灌溉水有效利用系数变化分析

微灌与喷灌技术是灌溉效率较高的新技术，通过模拟分析不同微喷灌覆盖比例情景下的灌溉水有效利用系数变化可知，采用该措施可提高井灌区灌溉水有效利用系数 0.039~0.093，提高全灌区灌溉水有效利用系数 0.012~0.027，如图 6-32 所示。

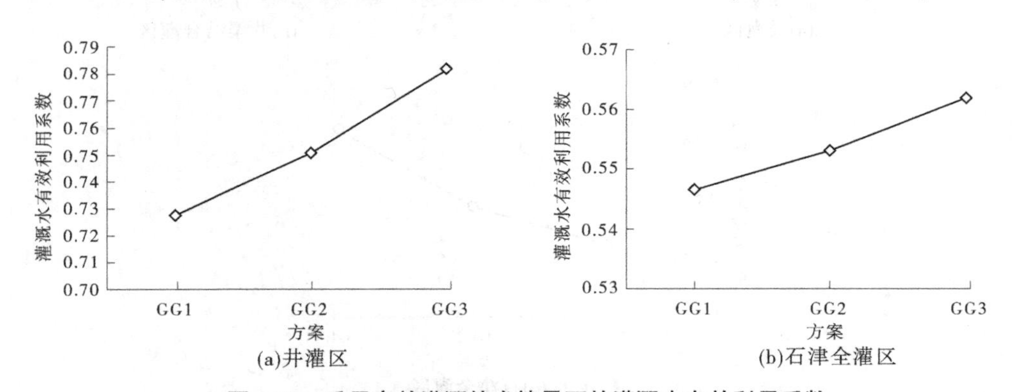

图 6-32　采用高效灌溉技术情景下的灌溉水有效利用系数

6.3.4.6　灌区管理水平对灌溉水有效利用系数的影响分析

1. 灌区管理水平情景方案设置

目前石津灌区斗口水价仅为 0.11 元/m^3，比斗口灌溉成本价（0.152 元/m^3）还要低 0.042 元/m^3，难以适应节水发展要求。水价偏低不仅造成水资源开发与节水投入严重不足，而且加大了供需失衡程度。选择水价作为管理水平的一个代表性因素，指定量化方案情景，见表 6-14。

表 6-14 石津灌区管理水平情景方案

方案编号	方案设置说明	说明
GL1	农田斗口灌溉水价调整为 0.12 元/m^3	提高灌区管理水平
GL2	农田斗口灌溉水价调整为 0.15 元/m^3	提高灌区管理水平
GL3	农田斗口灌溉水价调整为 0.20 元/m^3	提高灌区管理水平

2. 灌溉水有效利用系数变化分析

水价偏低是导致灌区农民对节水灌溉重视不足的一个重要原因。通过提高灌溉用水的水价,利用水价杠杆增强用水户节水意识,进而提高灌区管理水平,全面提高灌水效率。通过模拟分析,提高水价可提高渠灌区灌溉水有效利用系数 0.013~0.045,如图 6-33 所示。

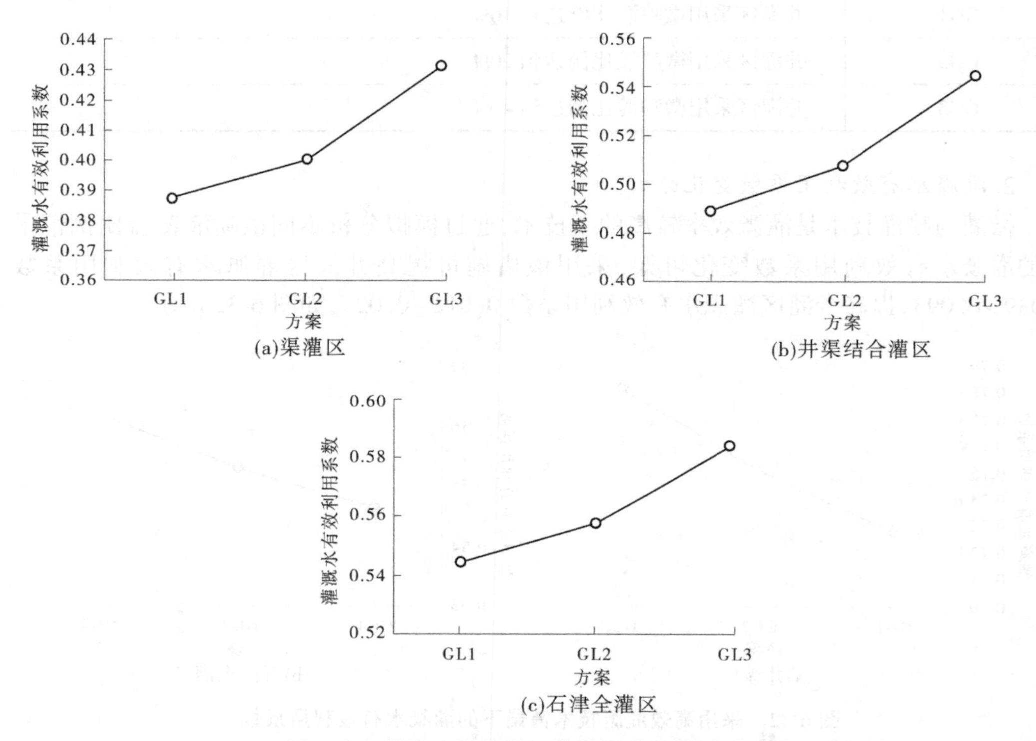

图 6-33 提高水价情景下的灌溉水有效利用系数

6.3.4.7 综合措施对灌溉水有效利用系数的影响分析

1. 综合方案设置

灌区灌溉效率的高低是由多种因素综合作用的结果。前文详细分析了灌溉渠系节水改造、引水灌溉调配方式、作物种植结构调整、田间节水耕作技术、高效灌溉技术、灌区水价管理等单项因素对石津灌区及其 3 类灌域灌溉有效利用系数的影响,下面将上述 6 类因素进行组合,考虑多种措施的综合作用效果。在单因素方案中已经考虑了多种情景,若将这些情景全部交叉组合,将会形成海量综合情景方案,使得决策者难以评判方案的合理性。因此,结合灌区实际情况,在方案组合中考虑组合因素的合理性与可行性,得到6个组合方案,如表6-15所示。其中,综合方案一、二、三为仅考虑渠系系统节水改造措施,不考虑增加田间节水措施的情景,综合方案四、五、六则是在考虑不同渠系节水改造力度的基础上配备一定程度的田间节水措施后的情景。

表6-15　石津灌区系数阈值计算方案

方案编号	措施分类	具体方案	综合方案一	综合方案二	综合方案三	综合方案四	综合方案五	综合方案六
QX1	灌区渠系节水改造	总干渠渠道衬砌率提高至29%,总干渠渠系水利用系数提高0.04	√			√		
QX2		干渠渠道衬砌率提高至17%,干渠渠系水利用系数提高0.01	√			√		
QX3		分干渠渠道衬砌率提高至45%,分干渠渠系水利用系数提高0.07	√			√		
QX4		支渠渠道衬砌率提高至58%,支渠渠系水利用系数提高0.04	√			√		
QX5		总干渠渠道衬砌率提高至50%,总干渠渠系水利用系数提高0.06		√			√	
QX6		干渠渠道衬砌率提高至28%,干渠渠系水利用系数提高0.02		√			√	
QX7		分干渠渠道衬砌率提高至60%,分干渠渠系水利用系数提高0.09		√			√	
QX8		支渠渠道衬砌率提高至71%,支渠渠系水利用系数提高0.07		√			√	
QX9		总干渠渠道衬砌率提高至71%,总干渠渠系水利用系数提高0.08			√			√
QX10		干渠渠道衬砌率提高至50%,干渠渠系水利用系数提高0.03			√			√
QX11		分干渠渠道衬砌率提高至75%,分干渠渠系水利用系数提高0.12			√			√
QX12		支渠渠道衬砌率提高至84%,支渠渠系水利用系数提高0.10			√			√
YS1	引水灌溉调配	高水位供水,获取更大的灌溉水头,渠系水利用系数提高0.04				√		
YS2		高水位供水,获取更大的灌溉水头,渠系水利用系数提高0.08					√	
YS3		高水位供水,获取更大的灌溉水头,渠系水利用系数提高0.10						√
ZJ1	调整种植结构	小麦-玉米复种面积减少5%,改种棉花等其他经济作物	√			√		
ZJ2		小麦-玉米复种面积减少10%,改种棉花等其他经济作物		√			√	
ZJ3		小麦-玉米复种面积减少15%,改种棉花等其他经济作物						
ZJ4		小麦-玉米复种面积减少20%,改种棉花等其他经济作物			√			√
GZ1	改良耕作工艺	棉花地膜覆盖比例达到50%				√		
GZ2		棉花地膜覆盖比例达到80%					√	
GZ3		棉花地膜覆盖比例达到100%						√
GZ4		长畦改短畦,畦田平整农田比例30%				√		
GZ5		长畦改短畦,畦田平整农田比例60%					√	
GZ6		长畦改短畦,畦田平整农田比例80%						√

续表 6-15

方案编号	措施分类	具体方案	综合方案一	综合方案二	综合方案三	综合方案四	综合方案五	综合方案六
GG1	改善灌水方式	井灌区采用微喷灌比例达到 10%				√		
GG2		井灌区采用微喷灌比例达到 20%					√	
GG3		井灌区采用微喷灌比例达到 40%						√
GL1	提高管理水平	农田斗口灌溉水价调整为 0.12 元/m^3				√		
GL2		农田斗口灌溉水价调整为 0.15 元/m^3					√	
GL3		农田斗口灌溉水价调整为 0.20 元/m^3						√

2. 灌溉水有效利用系数变化分析

通过对 6 种综合方案情景的模拟分析，得到不同方案情景下石津灌区及 3 种类型灌域的灌溉水有效利用系数，从表 6-16 可以看出，渠灌区灌溉水有效利用系数的提升幅度最大，其中仅考虑综合渠系节水改造措施，系数提高 0.076~0.166；再进一步考虑田间节水措施后，系数提高 0.102~0.189，灌溉水有效利用系数最高达到 0.568。井渠结合灌区主要仍依靠渠系引水灌溉，灌溉水有效利用系数的提升也十分明显，仅考虑渠系综合节水改造措施，灌溉水有效利用系数最大提高 0.116，达到 0.592 左右；再结合多种田间节水措施，灌溉水有效利用系数最大能达到 0.618，增加了 0.142。纯井灌区由于不依靠渠系长距离输水灌溉，因而其提高灌溉效率主要依靠田间节水措施，在综合措施方案情景下，纯井灌区的灌溉水有效利用系数可提高 0.04~0.07，最大可达到 0.759。石津灌区全区的灌溉水有效利用系数，在仅考虑综合渠系节水改造措施情景下，可提高 0.039~0.086，最大达到 0.621；再进一步考虑田间节水措施，系数可提高 0.073~0.109，最大达到 0.644。

表 6-16　综合方案情景下的灌溉水有效利用系数

灌区	综合方案一	综合方案二	综合方案三	综合方案四	综合方案五	综合方案六
渠灌区	0.455	0.512	0.545	0.481	0.536	0.568
井渠结合灌区	0.529	0.569	0.592	0.567	0.601	0.618
纯井灌区	0.689	0.689	0.689	0.731	0.752	0.759
石津灌区全区	0.574	0.604	0.621	0.608	0.634	0.644

3. 石津灌区灌溉水有效利用系数阈值

综合以上单因素及多因素组合方案的系统分析结果，考虑方案措施在现状基础上及未来一定时期的可行性，认为石津灌区灌溉水有效利用系数的阈值约为 0.64。其中，渠灌区的灌溉水有效利用系数阈值约为 0.57，井渠结合灌区的灌溉水有效利用系数阈值约为 0.62，纯井灌区的灌溉水有效利用系数阈值约为 0.76，并仍有提升的空间。

参考文献

杜军,杨培玲,李云开,等,2010.河套灌区年内地下水埋深与矿化度的时空变化[J].农业工程学报,26(7):26-31,391.

卢诗卉,赵红莉,蒋云钟,等,2021.基于多源遥感数据和水量平衡原理的灌溉用水量分析[J].水利学报,52(9):1126-1135.

罗玉峰,郑强,彭世彰,等,2014.基于GIS的区域潜水蒸发计算[J].水利学报,45(1):79-86.

刘文琨,2014.水资源开发利用条件下流域水循环模型的研发及应用[D].北京:中国水利水电科学研究院.

马金慧,杨树青,张武军,等,2011.河套灌区节水改造对地下水环境的影响[J].人民黄河,33(1):68-69.

秦大庸,于福亮,李木山,2004.宁夏引黄灌区井渠双灌节水效果研究[J].农业工程学报,20(2):73-77.

尚松浩,蒋磊,杨雨亭,2015.基于遥感的农业用水效率评价方法研究进展[J].农业机械学报,46(10):81-92.

魏娟,2022.新疆若羌河流域水资源开发利用现状与建议[J].能源与节能,(2):188-189,194.

岳卫峰,贾书惠,高鸿永,等,2013.内蒙古河套灌区地下水合理开采系数分析[J].北京师范大学学报(自然科学版),49(21):239-242.

翟家齐,2012.流域水-氮-碳循环系统理论及其应用研究[D].北京:中国水利水电科学研究院.

赵勇,2007.广义水资源合理配置研究[D].北京:中国水利水电科学研究院.

Bastiaanssen W G M, Menenti M, Feddes R A, et al.,1998. A remote sensing surface energy balance algorithm for land (SEBAL):1[J]. Journal of Hydrology, 1998, 212-213: 198-212.

Yang Y T, Shang S H, Jiang L,2012. Remote sensing temporal and spatial patterns of evapotranspiration and the responses to water management in a large irrigation district of North China [J]. Agricultural and Forest Meteorology,164:112-122.

第 7 章 井灌区节水压采效果监测评价系统设计与实现

上述章节介绍了灌区种植结构和灌溉面积遥感监测、蒸散发遥感反演、灌溉用水效率评价等模型,以及与这些模型相关的数据获取、模型验证及案例应用等内容。针对具体研究区的算法模型构建过程中,一方面需要研究者不断地对模型构建流程、参数进行优化调整,另一方面也离不开各种数据处理和计算软件的支持。在模型确定以后,如何简化参数设置、数据计算等复杂过程,以便能够高效地利用模型和模拟结果进行决策分析,这就需要根据业务管理需求,利用各种编程语言和开发工具,将模型、工作流程开发为具有较强灵活性、扩展性的软件系统,以实现标准化、可视化。本章将以井灌区节水压采效果监测评价系统设计与实现为例,说明模型如何与实际业务应用相结合,为行业管理提供科学的决策依据。

7.1 系统概述

我国地下水超采问题突出,全国有 24 个省(区、市)存在不同程度的地下水超采问题,其中河北平原区超采面积最大,也是全国地下水超采问题最严重的省份。长期、持续、大规模过度开采地下水,致使地下水采补严重失衡,地下水水位持续下降,引发一系列生态和环境问题,严重制约了区域经济社会可持续发展。因此,加强地下水管理与保护已刻不容缓。

2011 年《中共中央 国务院关于加快水利改革发展的决定》明确提出严格地下水管理和保护,尽快核定并公布禁采和限采范围,逐步削减地下水超采量,实现采补平衡,到 2020 年地下水超采得到遏制的目标。2014 年中央一号文件明确提出开展华北地下水超采漏斗区综合治理。2016 年水利部和国家发展改革委联合下发了《"十三五"水资源消耗总量和强度双控行动方案》,提出加快地下水超采区综合治理,以华北地区为重点,推进地下水超采区综合治理,加快实施《南水北调东中线一期工程受水区地下水压采总体方案》。在财政、水利、农业、国土资源四部委支持下,2014 年河北省先期在衡水、沧州、邢台、邯郸 4 市的 49 个县(市、区)开展试点,2015 年又新增试点县(市、区)14 个,2016 年试点扩大到 9 个市和定州、辛集市的 115 个县(市、区),涵盖河北省 7 个主要漏斗区。为了全面、深入推进地下水超采综合治理试点工作,需要科学、客观、动态监测评估试点区典型县"节水压采"实施成效。为有效解决这一问题,结合地下水管理与保护项目实施,中国灌溉排水发展中心开发了井灌区节水压采效果监测评价系统,以期为河北地下水超采综合治理试点工作监督考核,以及其他区域地下水超采区水资源高效利用、管理保护提供技术支撑,对于地下水超采区实行最严格水资源管理制度具有重要现实意义。

井灌区节水压采效果监测评价系统整合了项目区的地理空间信息、遥感数据信息、水文气象信息、地下水埋深和土壤墒情监测信息等多源数据，通过蒸散发等有关遥感反演模型、区域农田水文模型和多指标综合评价方法的集成应用，流程化生成节水压采效果评价指标量化数据，实现对地下水超采区节水压采效果的监测和快速评估。目前，评价系统已在河北省石家庄市（栾城区、赵县和元氏县）和邯郸市（肥乡区、馆陶县）进行了应用，通过评价系统的实际运用，极大地提高了试点项目区节水压采效果监测评估的工作效率、质量和时效性，节省大量人力和物力；同时，也可根据实际管理需求进行功能扩展，有广阔的应用前景和推广价值。

7.2　系统需求

7.2.1　功能需求

井灌区节水压采效果监测评价系统可实现数据采集和预处理、数据产品生产、统计分析、业务功能分析评价、数据产品发布共享的业务化流程，实现有效和实际灌溉面积提取、主要作物分布和粮食估产、蒸散发量监测、地下水净开采量分析、灌溉用水效率分析、节水压采效果评价等业务功能，为地下水超采区县域节水压采效果监测评价提供业务支撑平台。系统功能需求见表 7-1。

表 7-1　系统功能需求

<table>
<tr><th>一级菜单</th><th>二级菜单</th><th>三级菜单</th><th>说明</th></tr>
<tr><td rowspan="4">种植结构遥感识别</td><td>参数管理及计算</td><td></td><td>种植结构必要参数的浏览和修改、启动计算、查看计算状态</td></tr>
<tr><td rowspan="3">成果查询</td><td rowspan="3"></td><td>冬小麦和夏玉米的分布成果展示，提供年份对比、历年动态展示、历年统计等功能</td></tr>
<tr><td>冬小麦和夏玉米的单产估算成果展示，提供年份对比、历年动态展示、历年统计等功能</td></tr>
<tr><td>冬小麦和夏玉米的粮食产量监测成果展示，提供年份对比、历年动态展示、历年统计等功能</td></tr>
<tr><td rowspan="4">蒸散发量遥感反演</td><td>参数管理及计算</td><td></td><td>蒸散发量计算必要参数的浏览和修改、启动计算、查看计算状态</td></tr>
<tr><td rowspan="3">成果查询</td><td>蒸散发量</td><td>蒸散发量数据成果展示，可进行不同典型县的对比</td></tr>
<tr><td>水分亏缺</td><td>水分亏缺成果展示、提供基于地图、数据列表和柱状图展示等功能</td></tr>
<tr><td>水分生产率</td><td>水分生产率成果展示、提供基于地图、数据列表和柱状图展示等功能</td></tr>
</table>

续表 7-1

一级菜单	二级菜单	三级菜单	说明
地下水净开采量估算	参数管理及计算	参数管理	区域水平衡分析必要参数的浏览和修改、启动计算、查看计算状态
	成果查询	净灌溉用水量成果	土壤层水平衡分析成果
		地下水均衡成果	地下水平衡分析成果
有效灌溉面积和实际灌溉面积提取	有效灌溉面积	参数管理	有效灌溉面积成果与种植结构成果的对比和处理
	实际灌溉面积	参数管理	实际灌溉面积成果与种植结构成果的比对和处理
	成果查询	有效灌溉面积	有效灌溉面积成果展示，提供年份对比、历年动态展示、历年统计等功能
		实际灌溉面积	实际灌溉面积成果展示，提供年份比对、历年动态展示、历年统计等功能
净灌溉用水量	模型和参数管理	参数管理	参数管理、计算、查看计算状态
	成果查询	有效降水量成果	展示有效降水量计算成果
		净灌溉用水量确认	确认最终净灌溉用水量成果数据
		净灌溉用水量分析	根据多年净灌溉用水量成果绘制拟合曲线
节水压采效果监测评价		节水压采效果评估	典型县节水压采效果评价指标的变化
		节水压采工作考核	通过对不同指标赋予不同的权重，对典型县节水压采工作考核进行综合打分
		年度评估报告	年度评价报告自动生成
信息查询	空间单元信息	基础信息	查询不同空间单元基础信息，年鉴统计信息
		社会经济信息	不同空间单元经济社会信息，年鉴统计信息
		地理信息	空间单元边界、地形、土地利用性质、土壤类型浏览
		遥感影像	历史遥感影像信息浏览
	监测信息	气象站	图形查询（柱状图、曲线图和折线图）和列表展示
		雨量站	柱状图和列表展示
		土壤墒情站	折线图和列表展示
		地下水站	折线图和列表展示
		通量站	折线图和列表展示
	地图功能	地图	基于地图的测站查询和监测要素统计、分析

续表 7-1

一级菜单	二级菜单	三级菜单	说明
基础数据维护	基础数据管理	工作区管理	创建、管理工作区,提供地理信息、基础信息、社会经济信息、地理信息的录入
		监测数据管理	创建、管理测站信息,监测数据上报入口
		遥感影像管理	遥感影像上传入口
		机井信息管理	机井信息上传入口
		成果审核	对用户上传的种植结构及产量成果等进行审核
系统管理		用户查询和管理	用户查询和管理、用户权限分配
		日志管理	系统日志查询

7.2.2　数据需求

系统业务化应用除了需要遥感影像、各类监测数据,还需要社会经济、地理信息等数据的支持,系统数据需求见表 7-2。

表 7-2　系统数据需求

软件(模型)名称	输入数据				输出数据			
	数据名称	格式	分辨率	时间尺度	数据名称	格式	分辨率	时间尺度
种植结构遥感识别	Sentinel-2	栅格(gp2)	10 m	5 d	作物种植结构	栅格(tif)	10 m	年
	Landsat 7 ETM+	栅格(tif)	30 m	16 d	作物种植结构	栅格(tif)	30 m	年
	MOD09GA	栅格(hdf4)	500 m	8 d				
蒸散发量遥感反演	Landsat 8 OLI/TIRS	栅格(tif)	30 m	16 d	蒸散发	栅格(tif)	30 m	逐日
	MODIS 植被指数	栅格(tif)	250 m	16 d				
	MODIS 叶面积指数	栅格(tif)	1 000 m	8 d				
	MODIS 光合有效辐射	栅格(tif)	1 000 m	8 d				
	CLDAS 气象驱动数据(温度、气压、湿度、风速等)	栅格(tif)	0.062 5°	逐日				

续表 7-2

软件(模型)名称	输入数据				输出数据			
	数据名称	格式	分辨率	时间尺度	数据名称	格式	分辨率	时间尺度
有效灌溉面积	县域边界	矢量(shp)		年	有效灌溉面积	栅格(tif)		年
	机井坐标	矢量(shp)		年				
	机井出水量及影响半径	数据		年				
	DEM	栅格(tif 或其他)		年				
	耕地分布	矢量(shp)		年				
	无法使用灌溉设施高程	数据		年				
	其他改正项管理	栅格(tif 或其他)	30 m	年				
实际灌溉面积	Landsat 8 OLI/TIRS	栅格(tif 或其他)	30 m	16 d	实际灌溉面积	栅格(tif)	30 m	生育期
	MODIS 地表温度	栅格(tif 或其他)	1 000 m	逐日				
	SMAP 微波土壤水分	栅格(tif 或其他)	9 km	逐日				
	CLDAS 降水	栅格(tif 或其他)	0.062 5°	逐日				
	土壤质地	栅格(tif 或其他)	1 000 m	—				
地下水净开采量估算	DEM	栅格(tif 或其他)	1 km	年	净灌溉用水量	数据		根据输入
	气象数据(台站、年、月、日、20—20 时降水量、平均气温、日最高气温、日最低气温、平均风速、平均相对湿度和日照时数)	asc			地下水净开采量	数据		根据输入
	土壤参数	xlsx		年				
	土地利用数据	xlsx	1 km	年				
	蒸散发数据	tif	30 m	月				
净灌溉用水量估算	降水量数据	asc	30 m	日	有效降水量	数据		年
	土壤数据	asc	30 m					

7.2.3　系统软硬件需求

7.2.3.1　软件环境

系统软件环境见表 7-3。

表 7-3　系统软件环境

分类	名称及版本
操作系统	Windows Server 2012
数据库	MySQL5.7
Web 服务器	Tomcat 8.0
开发运行库	JDK 1.8
地图服务	SuperMap iServer 8C

7.2.3.2　硬件环境

系统硬件环境见表 7-4。

表 7-4　系统硬件环境

分类	最低配置	推荐配置
CPU	四核	八核
内存	8 G	16 GB
硬盘	500 GB	1 TB
带宽	100 M	1 000 MB

7.3　系统设计

系统构建目标是实现业务化、流程化的综合应用系统，满足对井灌区节水压采效果评价的业务需求，提高评估工作的效率、质量和时效性。根据节水压采评估的工作特点，系统构建要遵守实用性强、安全可靠、扩充性好、操作简便和易于维护等原则。

7.3.1　总体架构设计

系统总体采用 JavaEE 软件开发技术路线，面向服务(SOA)的架构，将应用程序的不同功能单元(称为服务)通过定义良好的接口和契约联系起来。系统总体架构见图 7-1。

逻辑结构分为基础层、数据层、平台层以及应用层。

基础层：包括了系统运行所需要的基本硬件设施，如服务器、存储、网络等。

数据层：建设系统管理综合数据库、基础信息数据库、水利监测数据库、节水压采业务专题库、专业模型管理库以及地理空间库，形成逻辑概念一致、集中统一的基础平台数据库系统。

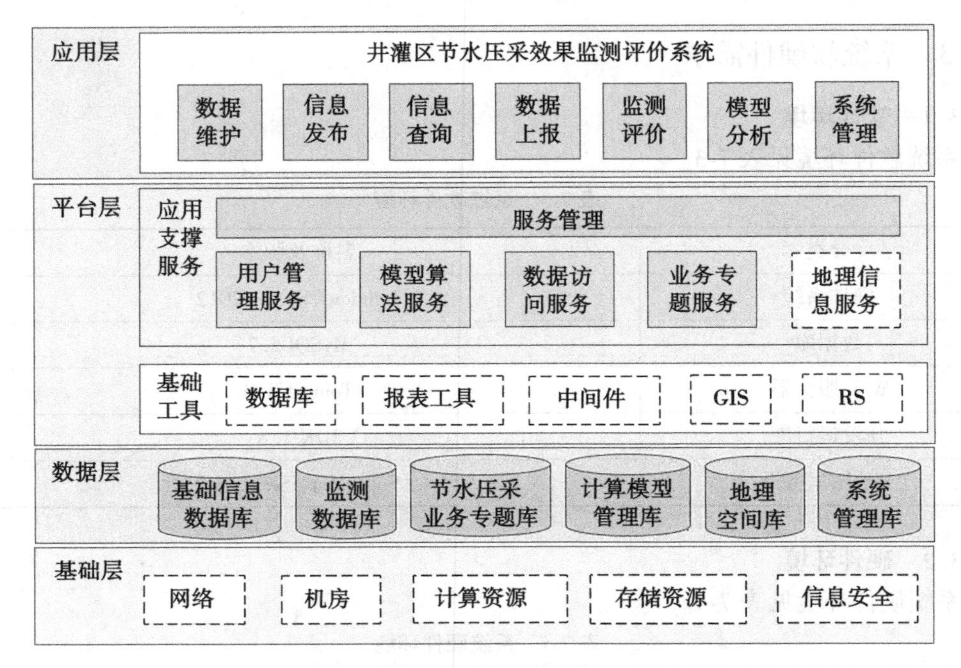

图 7-1 系统总体架构

平台层:采用面向服务体系架构,构建统一应用支撑平台,将各种业务中的通用系统功能进行复用,形成组件,并在此基础上封装成可以调用的服务,通过服务的调用和再封装等技术,实现水利业务应用的协同,为上层业务应用提供公共开发和运行环境。应用支撑平台也是水利信息资源整合共享的关键,可有效避免各类应用的重复开发。

应用层:通过对平台层服务的调用、结果展现和分析等为用户提供井灌区节水压采效果监测评价软件各项功能。

7.3.2 数据库设计

系统数据库设计遵循水利部颁布的《水利信息化资源整合共享顶层设计》要求,采用统一的面向对象数据组织的基本原则,对系统中的基础和业务数据进行整合,实现基础数据空间、属性、关系和元数据的一体化管理,实现统一对象编码、统一数据字典,便于后续系统数据资源共享与对接。

系统表结构设计参照了《实时雨水情数据库表结构与标识符标准》(SL 323—2005)、《水文数据库表结构及标识符》(SL/T 324—2019)、《水资源监控管理数据库表结构及标识符标准》(SL 380—2007)等相关水利行业标准。

整理归纳系统所需数据,综合分析数据的内容、类型、作用、更新频率、检索频次等信息,具体数据库设计如图 7-2 所示。

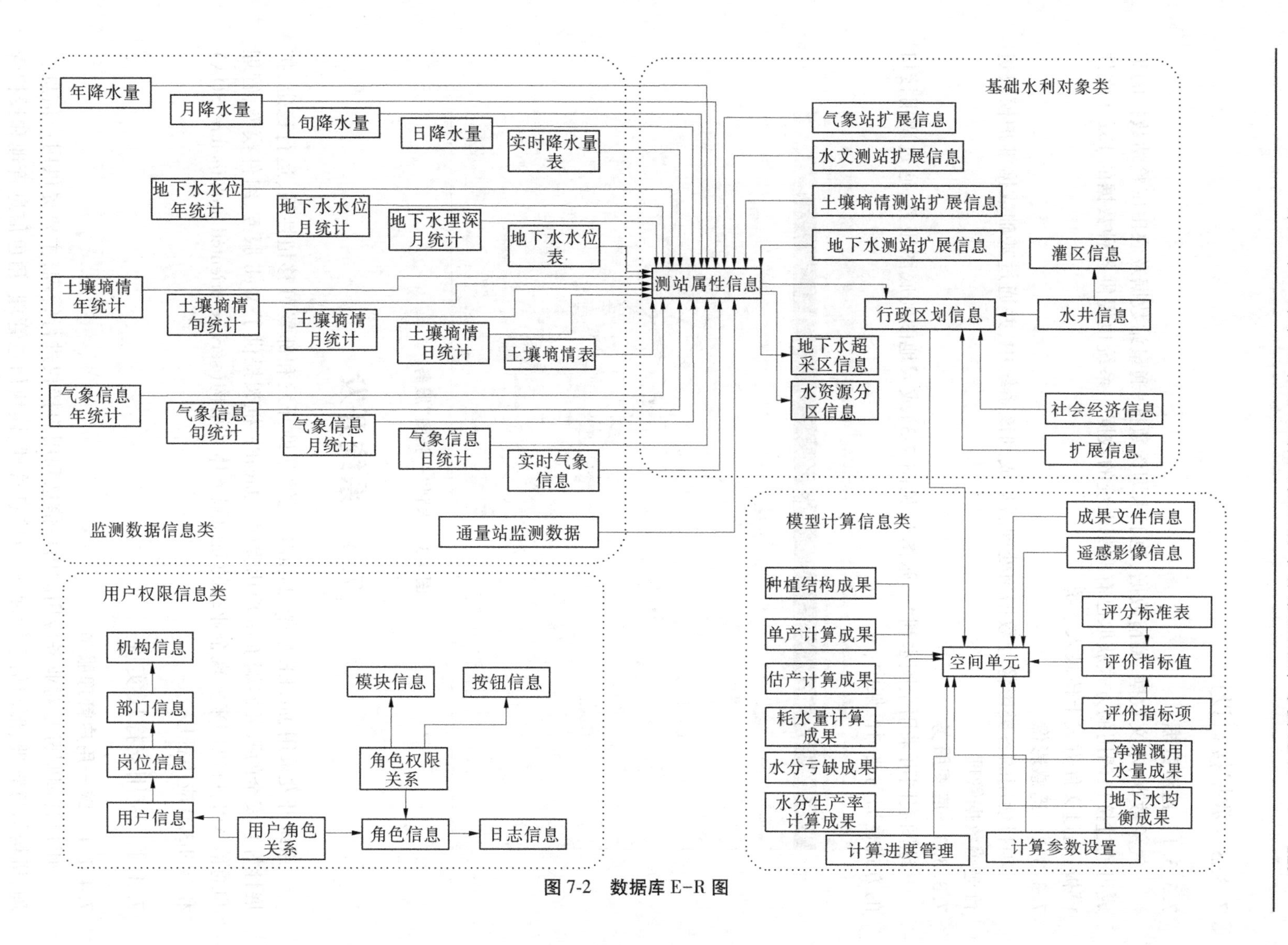
基础水利对象类
灌区信息
水井信息
社会经济信息
扩展信息
行政区划信息
气象站扩展信息
水文测站扩展信息
土壤墒情测站扩展信息
地下水测站扩展信息
地下水超采区信息
水资源分区信息
测站属性信息
模型计算信息类
成果文件信息
遥感影像信息
评分标准表
评价指标值
评价指标项
净灌溉用水量成果
地下水均衡成果
计算参数设置
空间单元
计算进度管理
种植结构成果
单产计算成果
估产计算成果
耗水量计算成果
水分亏缺成果
水分生产率计算成果
监测数据信息类
年降水量
月降水量
旬降水量
日降水量
实时降水量表
地下水水位年统计
地下水水位月统计
地下水埋深月统计
地下水水位表
土壤墒情年统计
土壤墒情旬统计
土壤墒情月统计
土壤墒情日统计
土壤墒情表
气象信息年统计
气象信息旬统计
气象信息月统计
气象信息日统计
实时气象信息
通量站监测数据
用户权限信息类
用户信息
岗位信息
部门信息
机构信息
用户角色关系
角色信息
角色权限关系
模块信息
按钮信息
日志信息

图 7-2　数据库 E-R 图

7.3.3 数据接口设计

7.3.3.1 监测数据

气象数据、水文数据、墒情数据、地下水埋深数据、通量站数据及农田试验站数据的集成可通过接口调用的方式获取已有监测系统的数据。系统也提供各种数据的 Excel 文件模板,通过文件方式上传录入系统。

7.3.3.2 遥感影像

项目使用的各类影像经数据预处理后集成到该系统中,并通过基础数据维护模块进行遥感数据管理。

7.3.3.3 底图服务

地图底图可采用全国水利“一张图”(见图 7-3)或天地图的底图服务,通过调用接口的方式叠加到地图框架中。

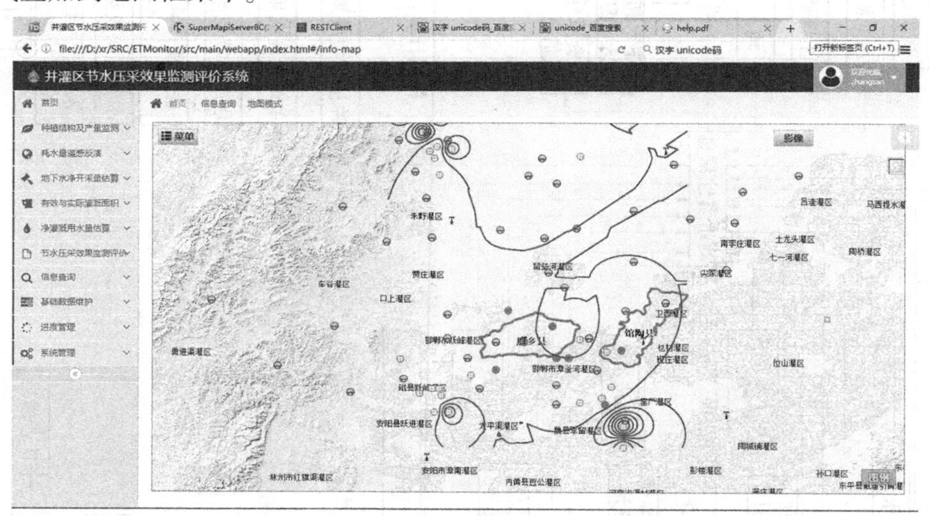

图 7-3 水利“一张图”服务

7.4 系统开发

系统开发采用 JavaEE 框架,JavaEE 能够帮助开发和部署可移植性强、运行稳定、扩展性好且安全的服务器端 Java 应用程序。JavaEE 框架提供了 Web 服务、组件模型、管理和通信 API,可以用来实现企业级的面向服务体系结构(service-oriented architecture,SOA)和 Web3.0 应用程序。

7.4.1 应用支撑层实现

7.4.1.1 统一用户管理服务

用户管理服务是对业务应用的用户信息和用户授权进行管理,主要提供用户信息管理、机构信息管理、部门信息管理、岗位信息管理、模块信息管理、角色信息管理和授权管理等功能,用户管理流程见图7-4。

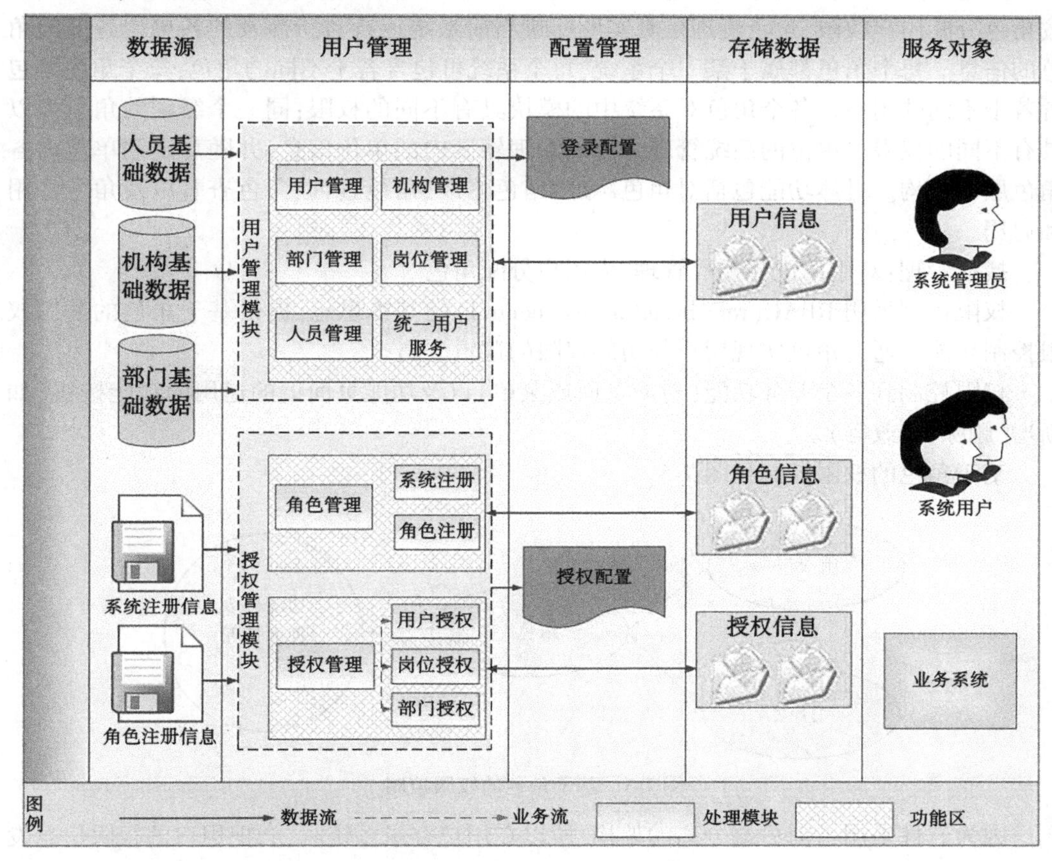

图7-4　用户管理流程

用户信息管理:主要完成对登录用户相关信息的存储管理,由系统管理员完成。包括用户新增管理、用户修改管理、用户密码重置、用户启用、用户停用和用户查询管理等功能。

机构信息管理:机构是真实地反映当前系统运行时所涉及的机构的结构。每个机构包含若干不同的部门。机构的系统管理员可以管理辖区内的机构信息,并随意定制机构层次结构。具体功能包括对机构的新增、修改、停用、启用等。

部门信息管理:部门管理是真实地反映当前系统运行时所涉及的部门的结构。每个部门包含若干不同的岗位。各个部门具有不同的权限。具体功能包括对部门的新增、修改、停用、启用功能。

岗位信息管理:岗位管理是真实地反映当前系统运行时所涉及的各部门岗位的信息。每个岗位可包含若干不同的用户。部门的系统管理员可以管理辖区内的部门信息,并随意定制部门内各岗位层次结构。具体功能包括对岗位新增、岗位修改、岗位停用、岗位启用和岗位查询。

模块信息管理:对业务系统中的模块进行管理,包括模块的新增、修改、删除、查询等功能。

角色信息管理:主要完成角色注册、角色修改、角色启用、角色停用及角色查询,系统按角色分配用户权限,角色管理是真实地反映当前系统运行时所涉及的各单位各部门角色的信息。每个角色都属于某一个系统,每个系统可包含若干不同的角色,每个角色可包含若干不同的用户。各个角色对系统中的模块具有不同的权限;同一个级别的角色可以具有不同的权限。单位的系统管理员可以管理辖区内的单位信息,并随意定制单位内各角色层次结构。具体功能包括对角色添加、角色修改、角色查询、角色查看以及角色停用和启用。

授权管理:对用户进行授权管理,为用户分配角色。

权限控制采用 RBAC(role based access control)的基本思想,提供基于角色的通用权限控制功能。通过角色实现用户与访问权限的逻辑分离。

权限控制到各个业务功能(对应页面或菜单)以及功能页面上的通用的功能按钮(如新增、删除、修改等)。

基于角色的权限控制见图 7-5。

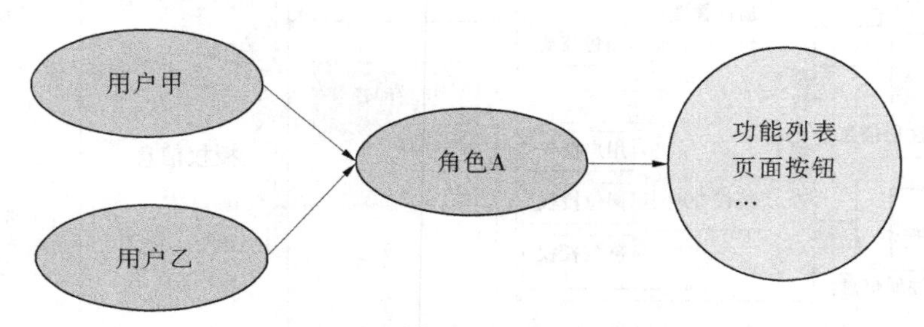

图 7-5 基于角色的权限控制

因为软件采用了前后端分离的架构,所以在用户登录系统时,会把用户的权限信息发回前端,前端根据接口是否包含在列表中来控制 UI 上的页面、按钮是否显示。前端调用后端接口时,后端接口加上过滤器进行权限的判断。

7.4.1.2 数据访问服务

通过开发统一数据访问接口功能,能简化系统之间的数据接口设计、开发实施及维护管理,减低数据整合与应用整合的建设和维护成本,提高各单位、各部门之间的协作效率,提高信息的整体共享程度,减少由于数据冗余采集与存储而导致的数据不一致性、信息不准确问题,从而实现信息网络系统的互连互通操作,确保在统一的接口标准规范下,来自不同厂商的产品和系统能很好地协同工作,构建一个完整的应用信息集成平台。

数据访问服务接口连接数据存储和数据访问请求,它为上层应用系统、同层的其他服务等提供基本的数据访问服务。其目标是使应用系统能够统一、透明、高效地访问和操纵位于网络环境中的各种分布、异构的数据资源,为实现全局数据访问、加快应用开发、增强网络应用和方便系统管理提供支持。

7.4.1.3 模型算法服务

模型算法服务的主要目的是把系统中使用的算法、专业模型封装成服务供上层程序调用。模型算法服务设计如图 7-6 所示。

该模块设计的最终目的能够完整、准确、安全地调用外部专业模型计算,并生成正确

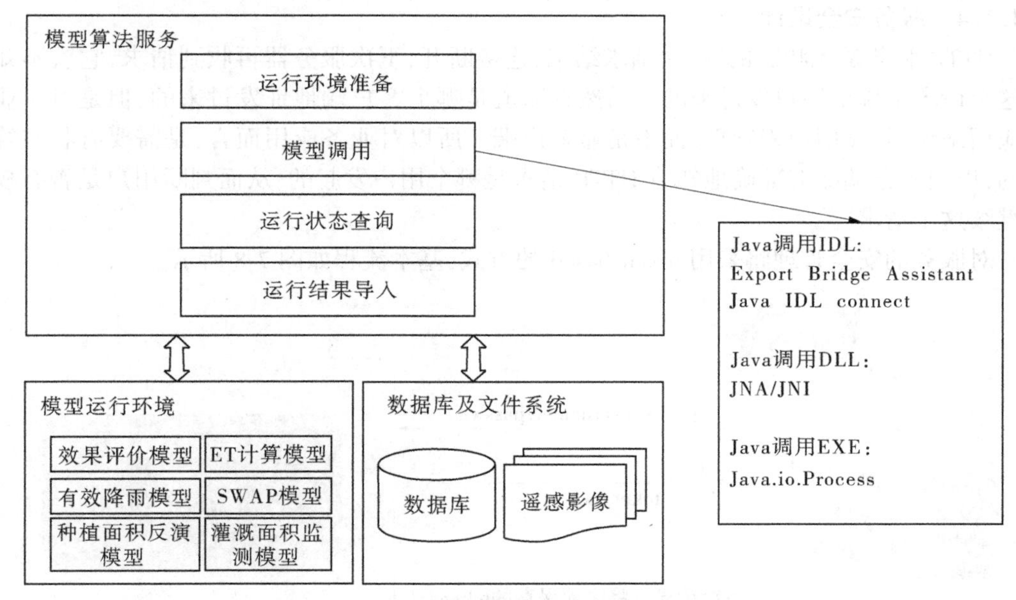

图7-6　模型算法服务设计

的计算结果供其他模块使用。模块设计过程遵循稳定、高效、安全、兼容、可扩展原则，最终形成关于模型计算的产品化模块。模型算法服务调用流程见图7-7。

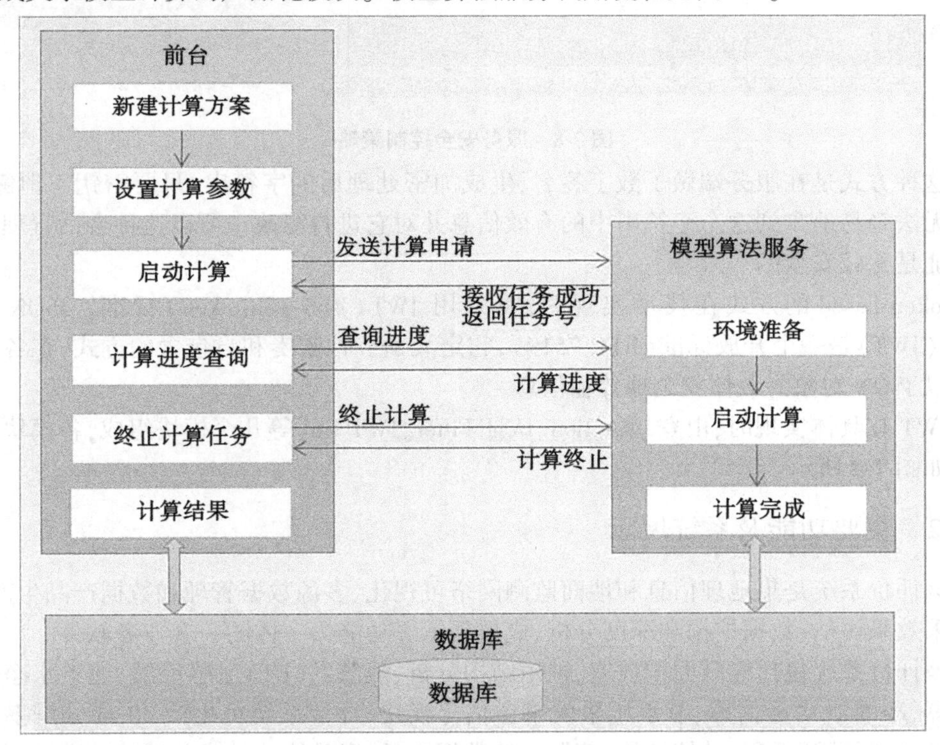

图7-7　模型算法服务调用流程

7.4.1.4 服务安全设计

HTTP 服务是无状态的,一次请求结束,连接断开,下次服务器再收到请求,它就不知道这个请求是哪个用户发过来的。当然它知道是哪个客户端地址发过来的,但是对于业务应用来说,是靠用户来管理,而不是靠客户端。所以对业务应用而言,是需要有状态管理的,以便服务端能够准确地知道 HTTP 请求是哪个用户发起的,从而判断用户是否有权限继续这个请求。

对服务的安全管理将采用 token-based 的方式,基本流程如图 7-8 所示。

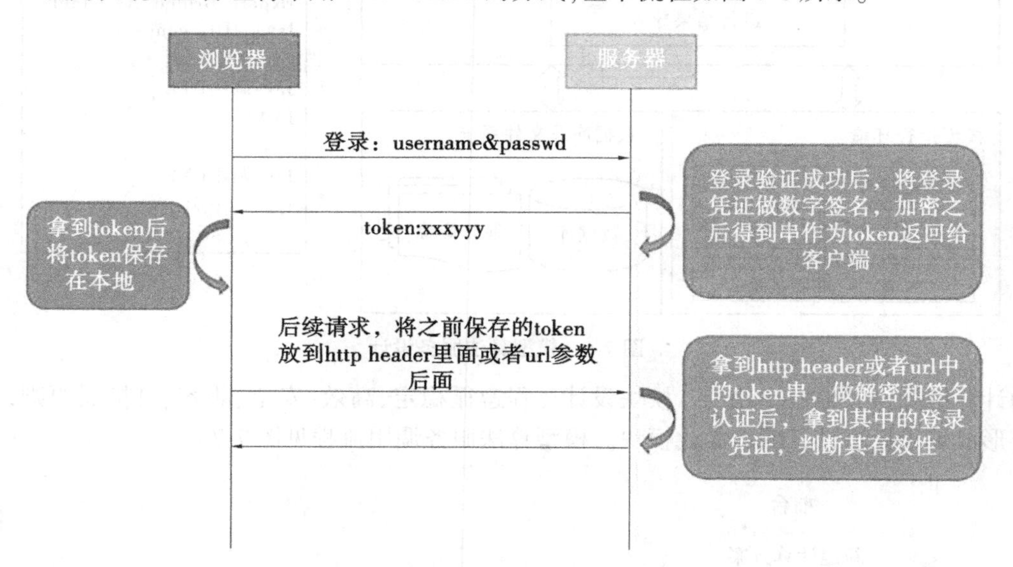

图 7-8 服务安全控制策略

这种方式是在服务端做了数字签名,生成加密处理后的字符串,只要密钥不泄露,别人也无法轻易地拿到这个字符串中的有效信息并对它进行篡改。所以这种会话管理方式的凭证是比较安全的。

token-based 的方式在技术实现时,将采用 JWT(json-web-token)标准。JSON Web Token(JWT)是一个开放标准(RFC 7519),它定义了一种紧凑和自包含的方式,在各系统之间以 JSON 对象为载体安全地传输信息。

JWT 在具体实现时,由登录 Action、认证 Filter、JWT Util 等几个模块组成,各模块的时序图如图 7-9 所示。

7.4.2 主要功能及系统展示

该评价系统是集地理信息和地面监测网络可视化、多源数据管理和数据产品生产、节水压采效果评估、数据挖掘和深度分析、成果展示等功能为一体的一套业务软件。

该评价系统包括灌溉面积提取、种植结构分析、蒸散发(ET)遥感反演、地下水净开采量估算、净灌溉水量估算、节水压采效果评估等模块,评价系统可生产 30 m 分辨率的区域/灌区实际灌溉面积、种植结构、蒸散发等数据产品,以及快速生成井灌区的灌溉用水效率、水分生产率、亩均灌溉用水量、亩均粮食产量、地下水水压采量、地下水位变幅、资源节

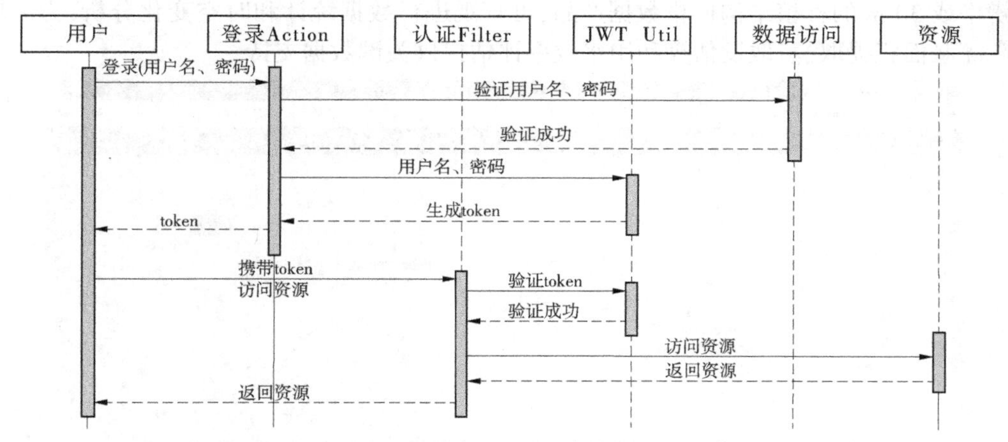

图 7-9　登录认证流程时序图

水量和灌溉节水量等评价指标值,从而为地下水超采区节水压采效果评估、区域/灌区水资源高效利用评价等提供先进工具。

评价系统主要功能构成包括基础数据、专业模型、节水压采效果评价指标体系和节水压采效果评价 4 个部分,各部分功能模块构成如图 7-10 所示。

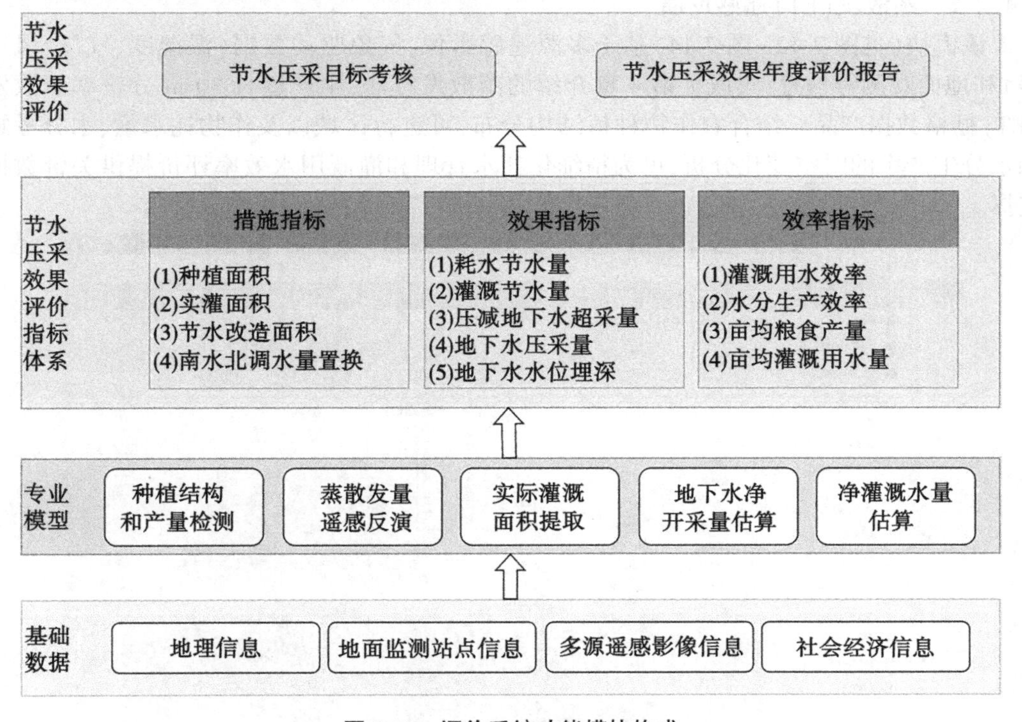

图 7-10　评价系统功能模块构成

7.4.2.1　种植结构遥感识别

该模块(见图 7-11)实现了本书第 3 章介绍的种植结构遥感提取方法,可进行区域种植结构提取和主要作物(冬小麦、夏玉米、棉花和果树等)种植面积的提取,生产区域 10 m

分辨率或 30 m 的种植结构栅格数据产品,可直观进行数据统计和时空变化分析,为区域实际灌溉面积提取、蒸散发估算和用水效率评估提供关键数据支持。

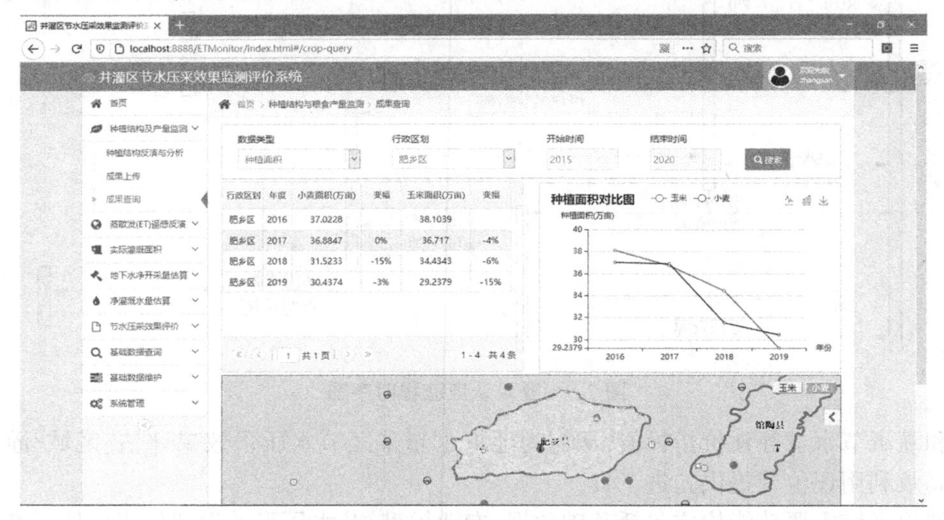

图 7-11　区域主要作物种植结构监测

7.4.2.2　蒸散发(ET)遥感反演

该模块(见图 7-12~图 7-14)基于多源遥感影像、气象驱动数据(温湿度、气压、风速等)和地面观测等信息,集成了第 4 章介绍的蒸散发算法,生产逐日 30 m 分辨率蒸散发(ET)栅格数据产品。结合农作物种植结构分布,可进行区域以及作物耗水量、水分亏缺和水分生产率的时空变化分析,可为精细化耗水管理和灌溉用水效率评价提供关键数据支撑。

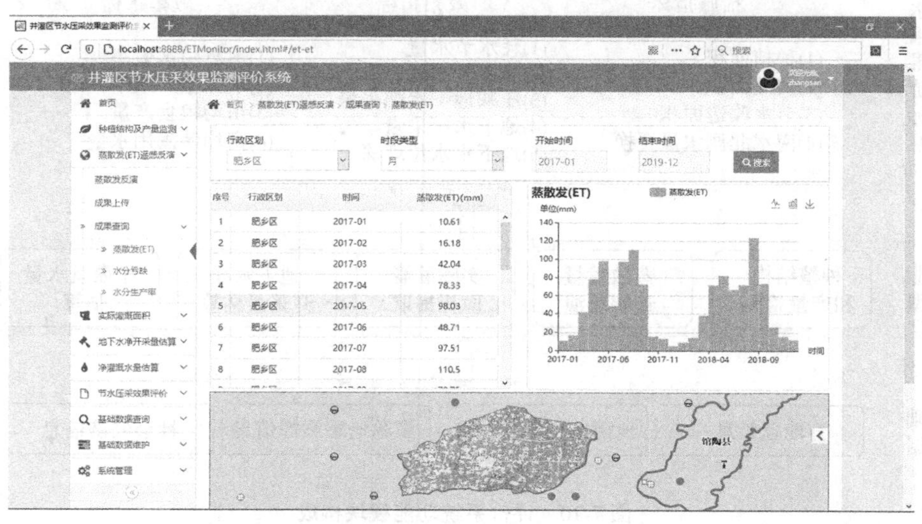

图 7-12　项目区逐月 ET 监测及空间分布

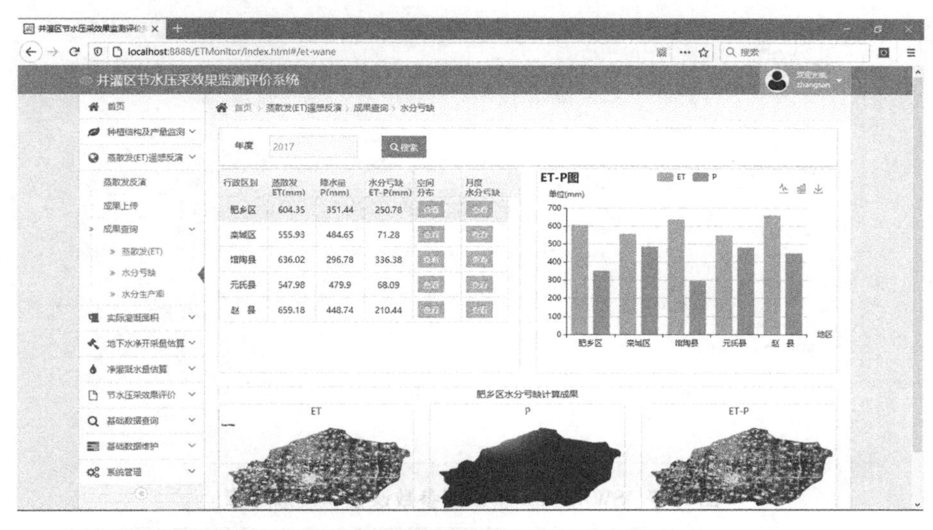

图 7-13　项目区水分亏缺空间分析

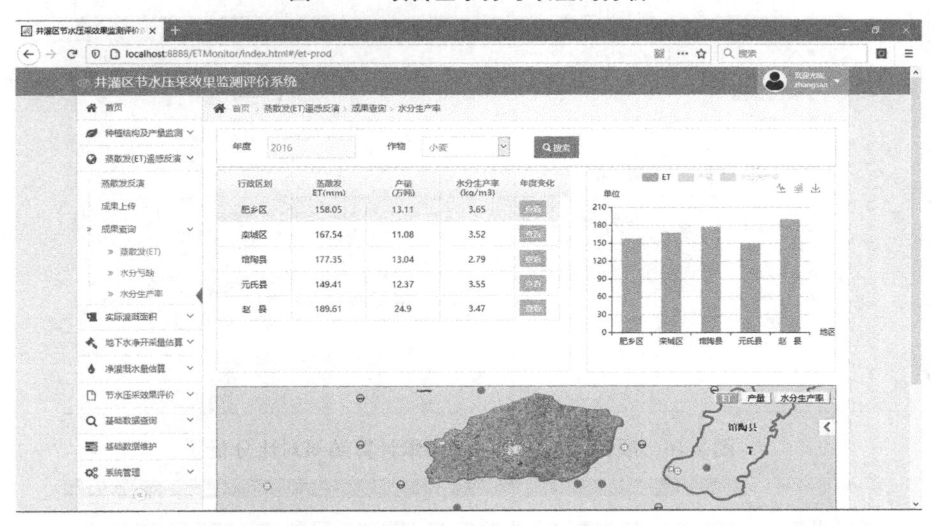

图 7-14　项目区水分生产率及空间分布

7.4.2.3　地下水净开采量估算

该模块(见图 7-15~图 7-17)主要由分布式 SWAP-PEST 模型、基于地下水埋深的地下水侧向补给量估算模型和地下水平衡模型等组成,可有效估算区域作物有效灌溉量和土壤非饱和带(地表以下 2 m 深度)渗漏补给量及其时空变化特征;根据地下水平衡方程,以及对地下水各补给和排泄项的分析,可获取区域地下水净开采量和地下水水位变幅等指标,为节水压采效果定量评价提供重要支撑。

7.4.2.4　实际灌溉面积提取

该模块(见图 7-18、图 7-19)采用耕地和地形分布、种植结构等空间信息和实际灌溉管理信息来获取区域潜在灌溉面积(潜在灌溉面积的确定主要是为实际灌溉面积提取设定一个合理的、可能的范围)。在潜在灌溉面积范围内,采用时空数据融合算法和土壤水

图 7-15　SWAP-PEST 模型参数设置和模拟运算

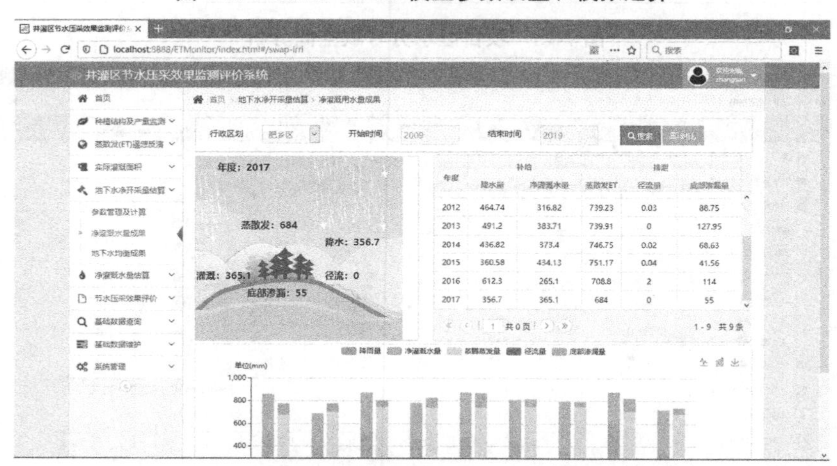

图 7-16　项目区年度水平衡要素计算结果对比分析

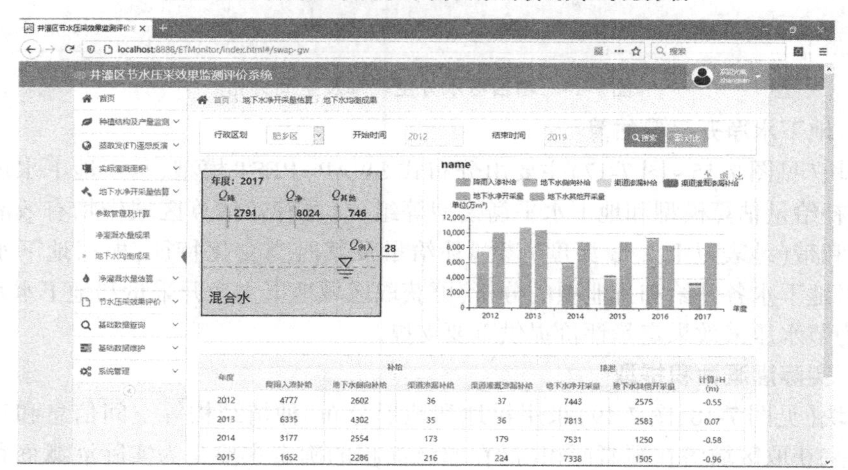

图 7-17　项目区地下水平衡计算结果分析

分衰减函数得到逐日 30 m 分辨率时空连续土壤含水率空间数据,结合地面典型地块土壤含水量观测,通过土壤水分时序突变,提取区域每轮次 30 m 分辨率灌溉面积。对每轮次灌溉面积空间数据进行叠加,得到区域年度实际灌溉面积空间分布。

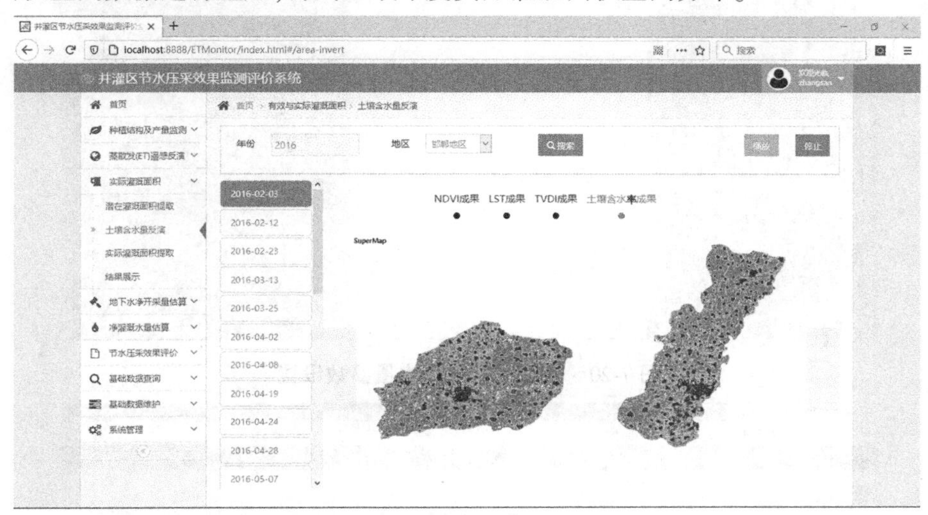

图 7-18　项目区表层土壤含水率遥感反演结果

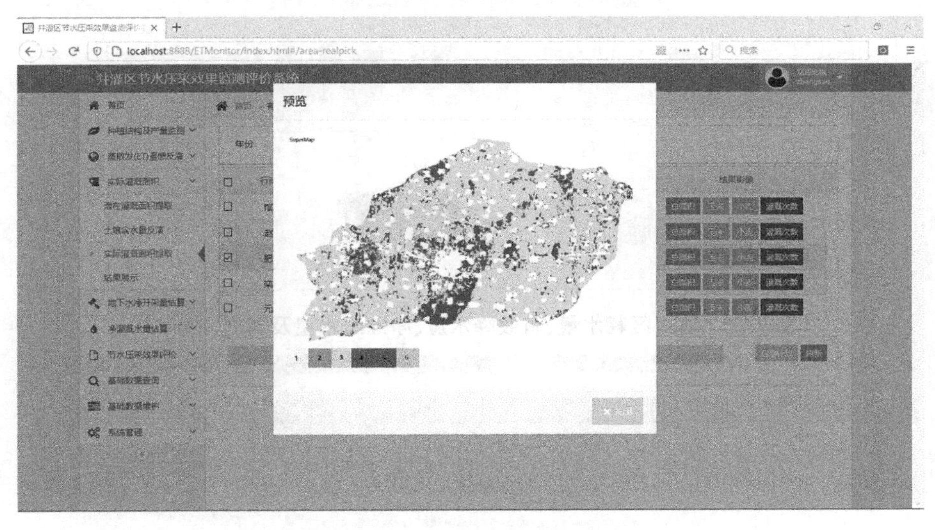

图 7-19　项目区实际灌溉次数计算结果

7.4.2.5　净灌溉水量估算

净灌溉水量估算模块(见图 7-20~图 7-23)主要功能:

(1)根据地面站点降水观测数据、典型地块土壤物理参数和主要作物生育期等资料,可进行区域尺度有效降水量(P_e)的估算,获取区域 30 m 分辨率有效降水量空间栅格数据产品。

(2)利用农田上的遥感 ET 扣除有效降雨量 P_e,可获取区域尺度 30 m 分辨率净灌溉水量时空分布数据。

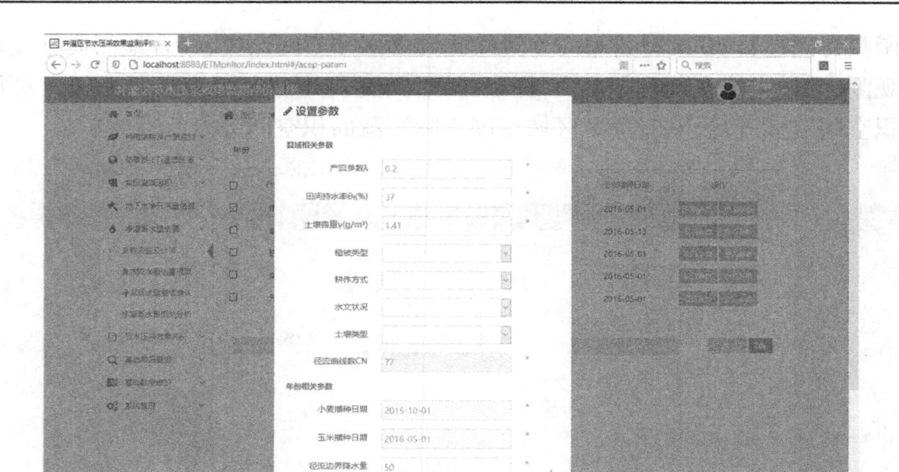

图 7-20　项目区有效降水量参数设置

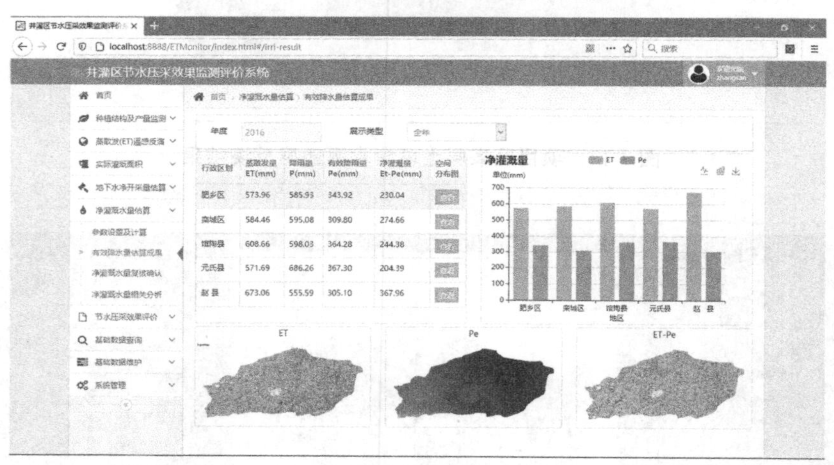

图 7-21　项目区耗水量、有效降水量、净灌溉水量及其空间分布

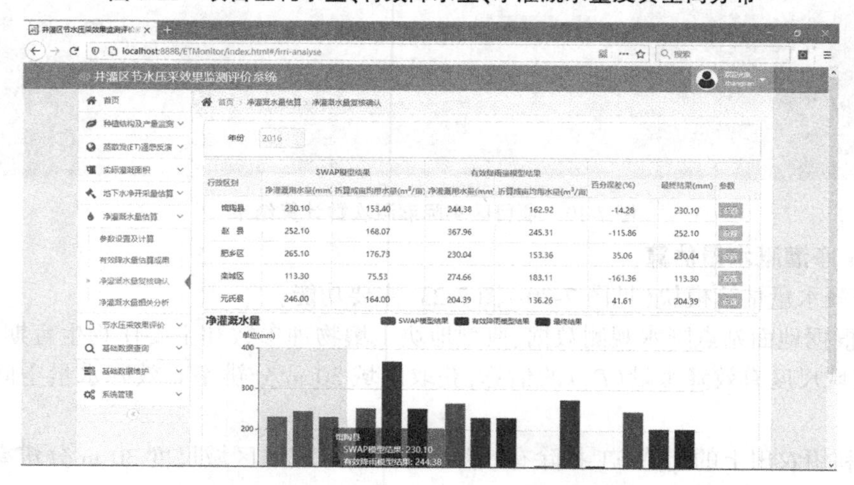

图 7-22　不同方法净灌溉水量比较分析及最终结果确定

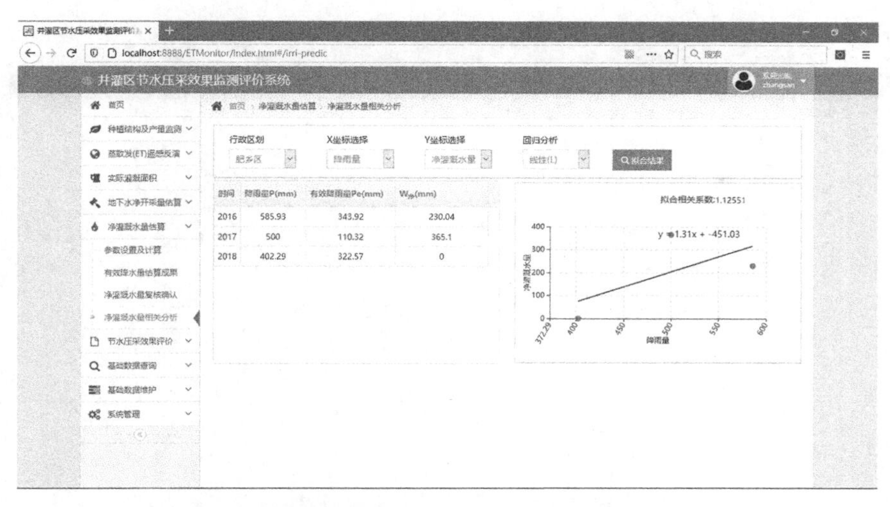

图 7-23　年降雨量与净灌溉水量的拟合经验关系

(3)通过两种不同方法[SWAP-PEST 模型模拟有效灌溉量和区域净灌溉水量估算($ET-P_e$)]的比较分析,结合典型地块实际灌溉用水量观测结果,可分析获取区域净灌溉水量估算结果,为区域灌溉用水效率评价和地下水净开采量估算提供重要支撑。

(4)通过长系列的年降水量、净灌溉水量数据建立经验关系拟合公式,可为区域净灌溉水量估算和灌溉水有效利用系数分析提供基础支撑。

7.4.2.6　**节水压采效果评价**

针对项目区节水压采实施措施和项目绩效管理要求,建立节水压采效果评价指标,具体指标选取可根据项目区数据获取情况进行调整;评价方法也可根据评价的具体要求,选择不同的常用评价方法(如层次分析法、模糊综合评价法等),进而对项目区节水压采效果进行综合评估;评价系统(见图 7-24~图 7-26)内置节水压采效果评价报告模板,根据每年指标数据的更新可自动生成项目区年度节水压采效果监测评价报告,提高工作效率。

图 7-24　项目区节水压采效果评价指标量化

行政区划：肥乡区　栾城区　馆陶县　元氏县　　年份：2016

指标分类	评价指标	权重(%)	肥乡区 指标	肥乡区 得分	栾城区 指标	栾城区 得分	馆陶县 指标	馆陶县 得分	元氏县 指标	元氏县 得分
措施指标	种植结构玉米面积(万亩)	6.25	38.104	95	20.307	89	40.263	90	37.941	91
	种植结构小麦面积(万亩)	6.25	37.023	93	23.779	93	35.338	93	25.334	93
	实灌面积(万亩)	6.25	65.38	90	56.9	94	60.18	90	49.87	89
	节水改造面积(万亩)	6.25	4.21	89	0.36	89	5.67	89	2.45	89
	南水北调水源置换(亿m³)	6.25	12	93	12	93	12	93	11	93
效果指标	耗水节水量(万m³)	6.25	-143	90	486	90	1254	90	-52	90
	灌溉节水量(万m³)	6.25	989	89	282	91	-11	94	3933	91
	地下水压采量(万m³)	6.25	428	89	1410	89	2073	93	-502	89
	地下水水位埋深(m)	6.25	42.02	95	35.48	95	44.77	95	41.51	89
效率指标	灌溉用水效率	6.25	0.76	91	0.57	93	1.137	93	1.36	92
	小麦水分生产率(kg/m³)	6.25	3.653		3.525		2.793		3.551	
	玉米水分生产率(kg/m³)	6.25	1.623	89	1.541	92	1.567	89	1.638	94
	小麦亩均粮食产量(kg/亩)	6.25	13.107		11.076		13.035		12.369	
	玉米亩均粮食产量(kg/亩)	6.25	21.138	89	9.892	91	20.945	93	18.524	94

图 7-25　项目区节水压采效果评价打分

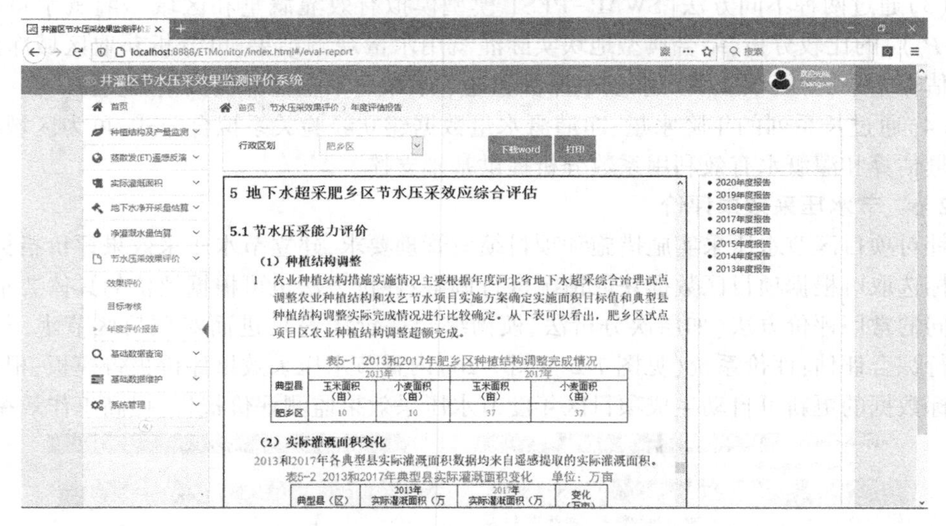

图 7-26　自动生成年度评价报告

节水压采效果评价指标数据来源于各算法模型模拟后的成果数据，通过后台数据库可实现各种数据间的无缝衔接。

附 图

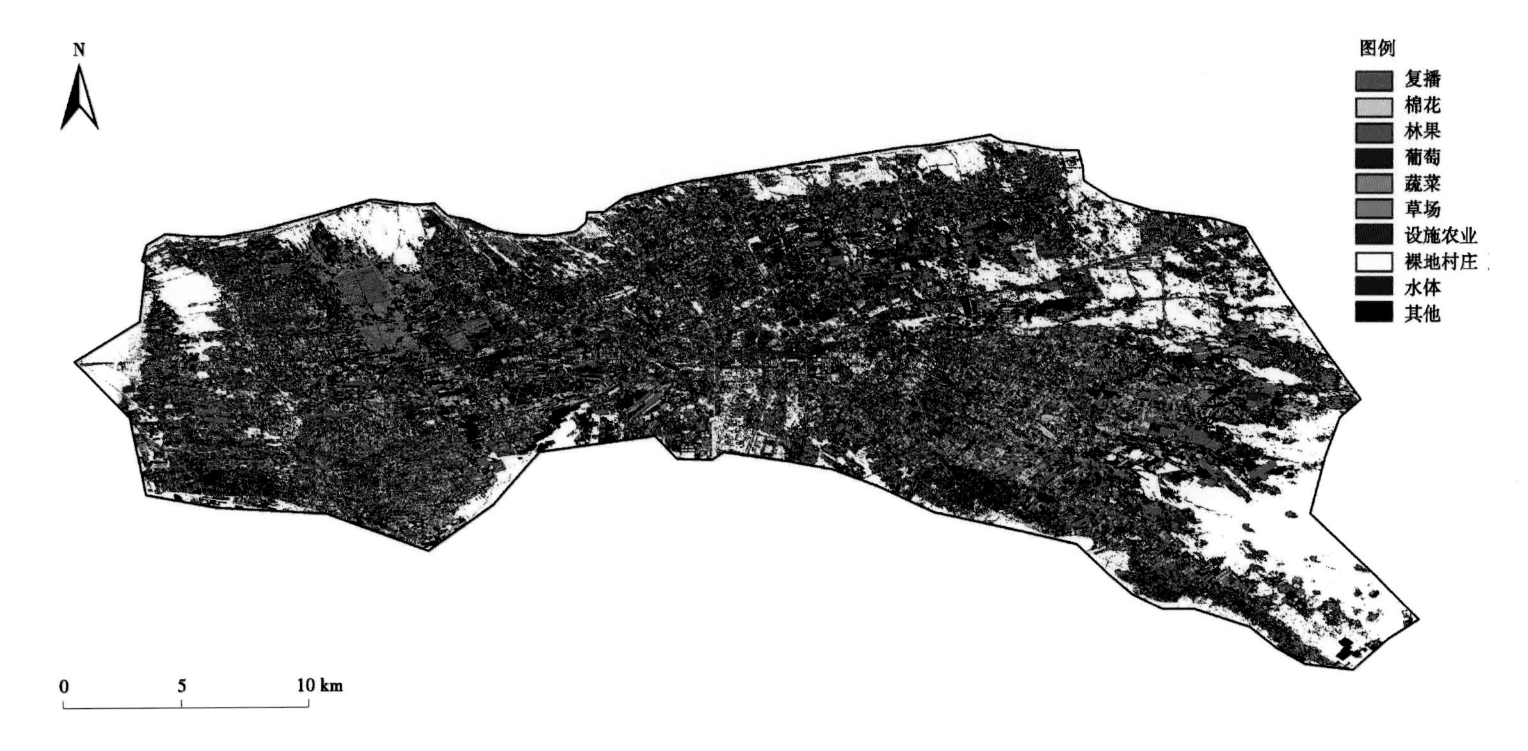

附图 1 阿拉沟灌区主要作物分布

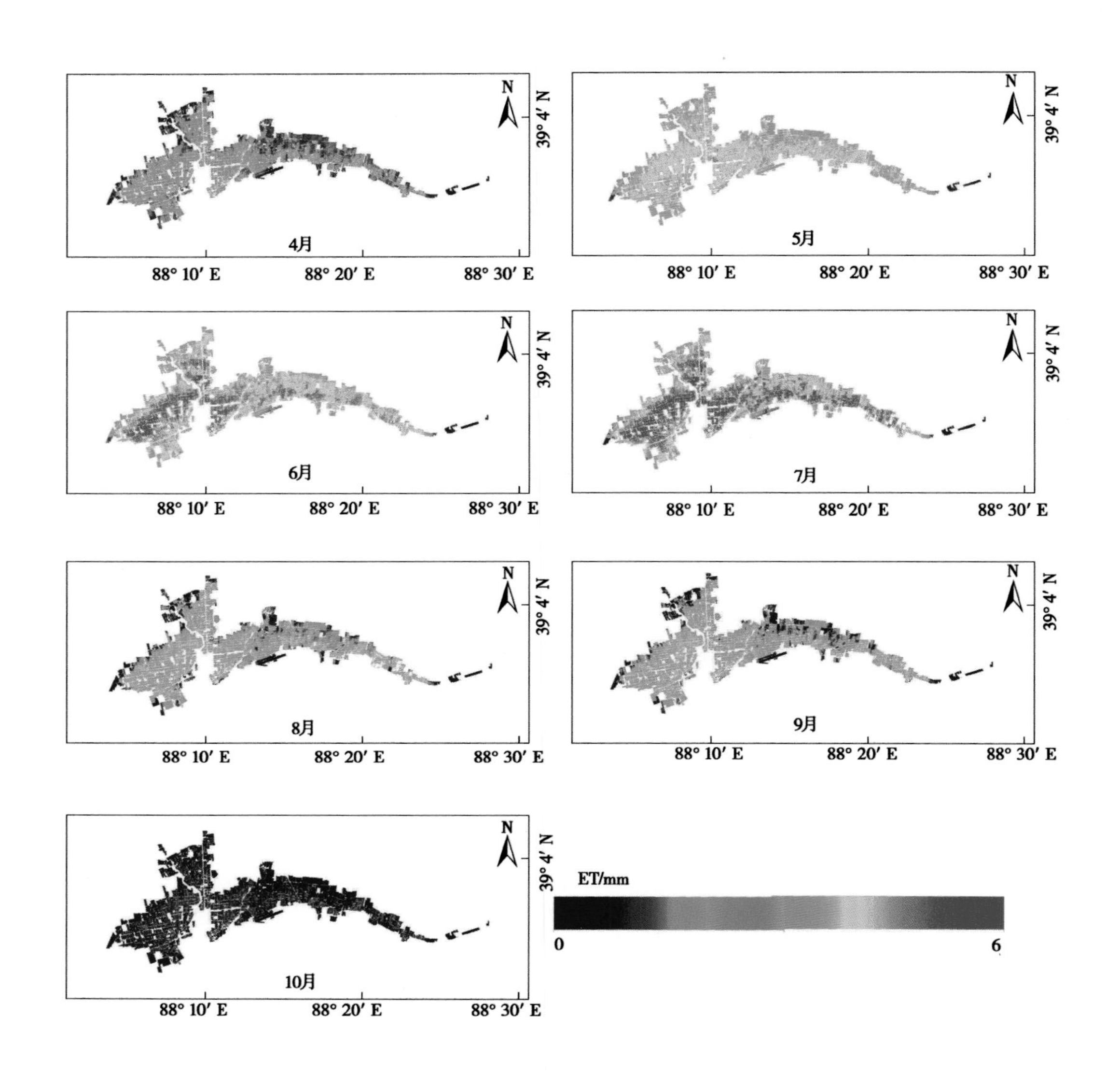

附图 2　若羌河灌区作物生育期逐月蒸散发日均值时空分布

附图 3　若羌河灌区 4—10 月总蒸散发空间分布

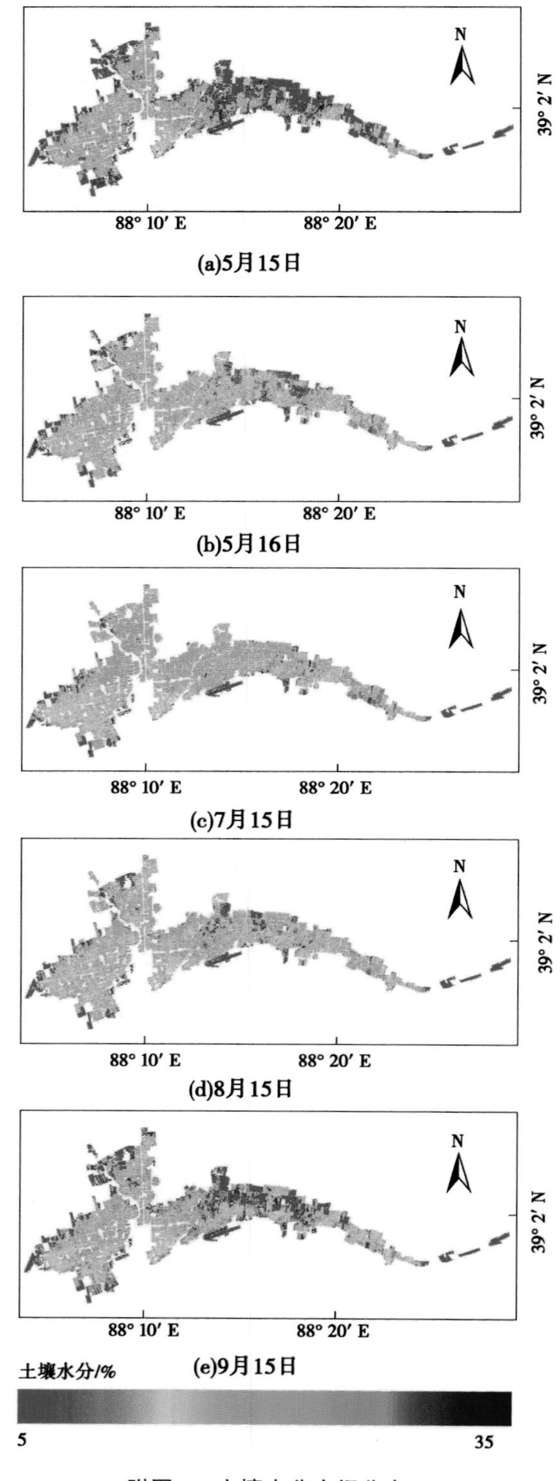

附图4　土壤水分空间分布

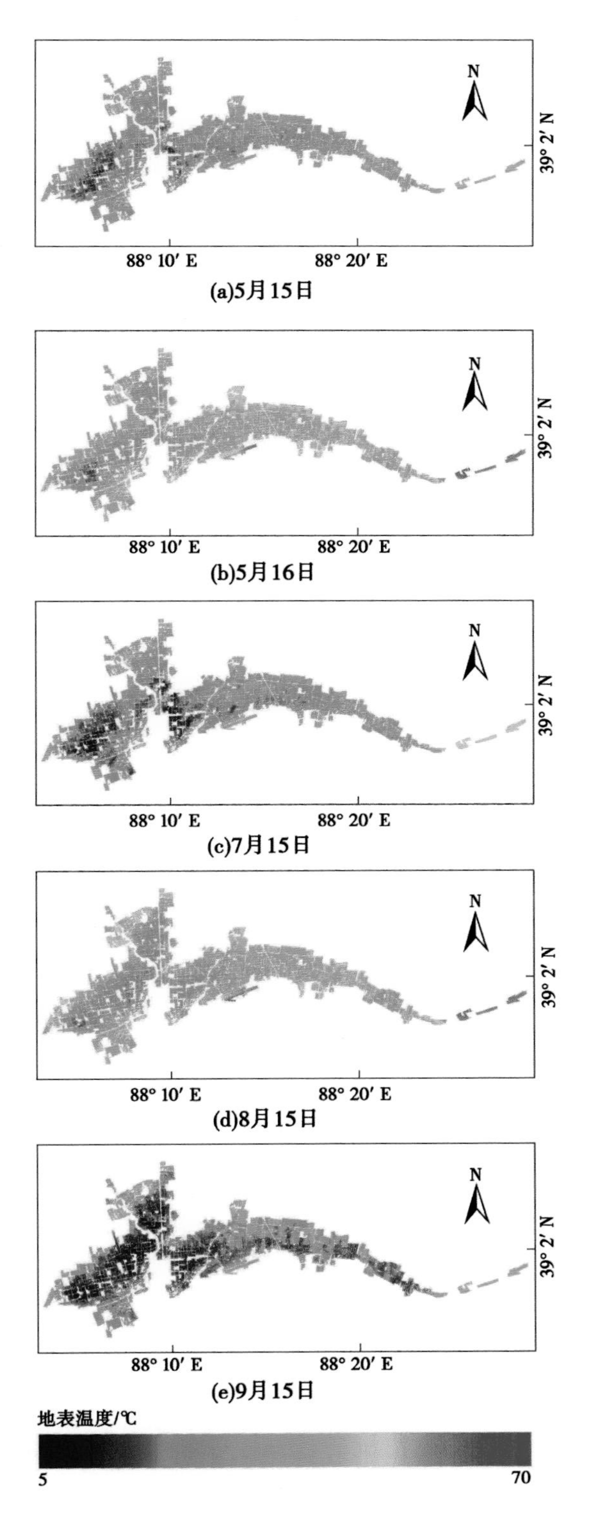

附图 5　地表温度空间分布